· 前端工程化系列 ·

# 前端技术架构与工程

周俊鹏 / 著

電子工業出版社
Publishing House of Electronics Industry
北京•BEIJING

## 内 容 简 介

明确业务、架构与工程三者之间的关系是研究前端技术架构和工程化的基本前提：业务为核心出发点，架构聚焦于代码，工程聚焦于流程。在此基础之上，本书进一步剖析并明确了架构与工程的子集与超集的关系。本书从架构的角度分析了一个完整 Web 项目在前端以及前后端协作层面需要考虑的各项技术要点和解决方案，在业务需求以及应用质量得到保障的基础之上，进一步从工程的角度分析迭代流程中可能阻碍提高工作效率的关键环节和因素，并讲解了如何通过技术手段提升团队的规范性和生产效率。

本书的大部分内容需要读者对计算机操作系统、浏览器原理以及 Web 前后端工作原理有一定程度的理解。本书适合前端从业经历较丰富并且对前后端协作流程有深度体验的读者，以及对前端技术架构和工程化感兴趣的测试和运维人员阅读使用。



**图书在版编目（CIP）数据**

前端技术架构与工程/周俊鹏著. —北京：电子工业出版社，2020.1
（前端工程化系列）
ISBN 978-7-121-38061-7

Ⅰ.①前… Ⅱ.①周… Ⅲ.①网页制作工具 Ⅳ.①TP393.092.2

中国版本图书馆 CIP 数据核字（2019）第 271489 号

责任编辑：付　睿
印　　刷：北京捷迅佳彩印刷有限公司
装　　订：北京捷迅佳彩印刷有限公司
出版发行：电子工业出版社
　　　　　北京市海淀区万寿路 173 信箱　　　　邮编：100036
开　　本：787×980　1/16　　印张：15.75　　字数：295 千字
版　　次：2020 年 1 月第 1 版
印　　次：2025 年 1 月第 12 次印刷
定　　价：69.00 元

凡所购买电子工业出版社图书有缺损问题，请向购买书店调换。若书店售缺，请与本社发行部联系，联系及邮购电话：（010）88254888，88258888。

质量投诉请发邮件至 zlts@phei.com.cn，盗版侵权举报请发邮件至 dbqq@phei.com.cn。

本书咨询联系方式：010-51260888-819，faq@phei.com.cn。

# 前　　言

在工程化思维进入前端领域的几年内，前端社区一直在试图给前端工程化下一个精确的定义。人们喜欢从历史讲起，然后将视角延伸到时代背景下的宏观技术理论，最后聚焦到自身业务的工程实践。在这个过程中，从第一步过渡到第二步的历程中能够提取出具有普适性的指导思想，宽泛地讲就是规范化、工具化、自动化；而发展到第三步的时候难免会带入一些只适合自身业务特征的方法论和实践模式。一部分声音认为这些狭隘的理论属于功能解决方案，脱离了前端工程化的范畴，但其实这恰恰是工程最基本且最核心的出发点：一切以业务为基准。

在对前端工程化进行讨论和研究之前，一定要摆脱"前端工程化是一种新技术"的错误认识，前端是软件开发的一个细化分支，前端工程化本质上是软件工程理论在前端范畴内的具象实践。方法、工具和过程是软件工程也是前端工程化的三要素，方法面向编码和功能解决方案；工具的根本目的是降低时间成本以提高效率；过程追求高效、有序的工作流程，它是一个抽象的概念，具体到实施中则是方法和工具的综合体。一切编码方案均是为了解决业务的功能需求，在此基础之上以分治和聚合为基本原则设计合理的软件架构，最后进一步规范工作流程和产品发布策略，这便是工程化的理论模型。总结为一句话：以业务为出发点，架构聚焦于代码，工程聚焦于流程。

## 内容概览

本书所有内容遵循一个基本出发点：业务是架构和工程的核心。

第 1 章围绕上述基本出发点讲解前端自诞生至今在不同时代背景下的意义以及业务特征，进而引申出架构和工程的子集与超集的关系。然后在此基础之上探讨前端工程化在架构以及架构之外的困难之处和核心关注点。

第 2 章在前端单一的编程语言基础上，从技术选型、辅助工具、实现方案以及架构模式的角度思考和探索如何更合理地应用 HTML、JavaScript、CSS。

第 3 章聚焦于编码和架构这些"硬实力"之外的"软实力"——技术规范。除去所有编程领域的一些普适规则（比如技术选型、目录规范和命名规范），由于前端的特殊性，有些技术规范并不仅仅是为了提高代码的可维护性，它们还兼具了架构层面上的设计考虑，比如 JavaScript 在性能与易读性之间的抉择、CSS 的编程范式等。

第 4 章介绍实现前端组件化的 Web Components 技术，以及通过开发合理的工具打造更友好的编码方式。然后从生命周期和宿主环境两个角度介绍前端组件设计模式。

第 5 章描述了两种常见的前后端分离架构模型：SPA 和同构编程。前者是最普遍、实施成本最低、最极端的分离模式，但对 SEO 的弱支持导致其并非适用于所有产品类型；而后者则与前者相反，对 SEO 的良好支持背后是昂贵的实施成本和学习成本，同时对技术选型有一定的限制。探讨两者的综合优劣性时必须结合具体的产品需求。

第 6 章以前端应用的性能评估模型为前提，剖析加载和执行过程中影响性能的各项因素（包括网络、渲染和内存管理）以及对应的优化策略。最后探索综合运用 Web Worker、WebAssembly 甚至 WebGPU，以发挥出浏览器的极限运算能力。

第 7 章将一个完整的迭代流程拆分为开发、测试、部署和发布，然后讨论在传统开发模式下前端如何从开发、测试和运维层面进行工程优化，其中包含高效的工具、合理的规范以及严谨的制度。

第 8 章在第 7 章描述的前端工程服务体系的前提之下，探讨在目前的技术背景下，前端工程化在本地化的基础上进一步演进的方向（DevOps）以及目标（持续交付）。最后，在本书的末尾对继 AJAX 和 Node.js 之后可能引起第三次前端革命的 Serverless 进行了展望。

## 读者对象

本书内容并非告诉读者如何实现具体的业务需求，所举示例也只是为了辅助理解相关内容背后的思想和理念。换句话说，本书不是教读者怎么编码的，而是从宏观角度讲解了如何实现高可用、高性能、可扩展的软件架构，以及高效、规范、有序的工作流程，所以本书的主要目标读者是有多年一线编码经验、充分理解 Web 整体架构并且具有一定的团队管理和多人协作经验的资深前端开发者和技术经理。

## 资源链接

本书所有示例的源代码均可以访问 http://www.broadview.com.cn/38061 进行下载。书中提供的额外参考资料也可从上述网站下载，如正文中标有参见“链接 1”“链接 2”等字样时，即可从上述网站下载的“参考资料.pdf”文件中进行查询。

## 致谢

本书的写作和出版得到了许多同事、朋友和家人的支持和帮助。本书中的很多技术细节得到了我的同事和领导的指正。感谢电子工业出版社的付睿编辑和审校人员对本书的策划和编审，他们是本书出版背后的重要功臣。此外，本书的写作占用了我很多业余时间，感谢我的妻子刘女士在此期间对我的理解、包容和支持。

谨以此书献给我的妻子和父母。

## 《前端工程化系列》丛书

本书是《前端工程化系列》丛书之一，从宏观角度讲解前端技术架构和工程的各项关注点。与本系列另一本图书《前端工程化：体系设计与实践》不同的是，本书对于前端工程服务体系的讲解侧重方法论和指导思想，并未深入具体实现的每一行代码。如果在将此部分理念应用于实践的过程中遇到问题，或许同时参阅两本书能够获取更全面的答案。

## 帮助与支持

如果你在阅读本书的过程中有任何问题，可以发送邮件到我的个人邮箱 zjp0432@163.com。

# 读者服务

微信扫码回复：38061

- 获取博文视点学院 20 元付费内容抵扣券
- 获取本书的配套代码资源
- 获取更多技术专家分享的视频与学习资源
- 加入读者交流群，与更多读者互动

# 目　录

# 第 1 章 前端工程化

进化本身是生物体与环境之间持续不断的信息交换的具体表现。

——摘自《信息简史》

在桌面软件盛行的 20 世纪 90 年代中期，由Web技术开发的电子商务服务平台Viaweb在当时被认为是另类的、难以成功的。时间最终证明了Paul Graham和Robert Morris[1]眼光的前瞻性，1998 年Viaweb被雅虎以近 5000 万美元的价格收购，成为当时全球最大的电商平台之一：Yahoo! Store。站在当前的时间节点，以现代人的眼光回顾旧时代，你可能会觉得当时的人目光短浅且顽固不化。但是如果剥去时代赋予的知识和眼界回到 1995 年，可能绝大多数人都会站在Viaweb两位创始人的对立面。

想象这样的场景：给你一台装有 Windows 98 操作系统的电脑，使用 IE6 浏览器打开任意 10 个网站，将能够顺利运行的网站个数写下来，然后看结果是否达到了及格线。虽然这个场景在目前没有任何现实意义，因为 Web 技术是随着历史的车轮不断进化的，用老旧的浏览器运行现代的网站是自讨苦吃。而之所以讨论这个场景是为了提醒大家：现代网站具

1　Viaweb 的两位创始人。

有丰富的表现力、流畅的交互操作和便捷的功能的根本原因是，计算机技术和 Web 开发技术的不断进化以及相关生态的逐步完善。如果将这些技术和生态沿着历史的轨迹倒退到二十几年前，你是否会在一个没有 AJAX、没有 CSS3，甚至最高级的浏览器都不如 IE6 的年代，选择使用 Web 开发一个电商平台呢？是否会在一个对于 Web 网站的定位只是将报纸搬上电脑屏幕的时代去讨论 Web 网站的架构和工程化呢？

架构可以渗透到任何一个细微之处，即使再简单不过的一个静态网页也存在架构，只不过过于简单，没有讨论的价值。当业务的复杂度提升到必须由更复杂的技术架构承载时，对架构的研究才有了意义。工程化同样如此。换句话说，任何针对架构和工程的讨论和研究必须以业务为根本出发点。

Web 技术支撑着网站丰富的业务，同时网站的业务类型也受限于 Web 技术的时代局限性。所以，本书讨论的所有关于前端业务、技术、架构和工程的内容，均基于当前时间节点所处时代赋予前端工程师的时代意义。

## 1.1 前端的时代意义

如果以 2005 年AJAX的诞生[1]为起点，在迄今为止的十几年时间里，针对前端工程师定位的探索和争论从来没有停止过。前端工程师该做什么不该做什么？发展方向是什么？扩展技能是什么？即使在今天（2019 年），这些问题也没有准确的答案。最早一批的专职前端工程师大多是由Web服务端开发者或者UI/UE工程师转变而来的，这两种出身不同的前端工程师分别代表了两个典型的发展方向：Web服务端开发出身的前端工程师普遍偏向于“服务端+前端”，以逻辑见长；UI/UE出身的前端工程师普遍偏向于“设计+前端”，以用户体验见长。

在 PC 时代，“设计+前端”的模式相较占优。当时智能手机尚未普及，绝大多数的线上业务是以 PC 浏览器为载体的，并且 Web 网站的交互逻辑普遍比较简单，以展示为主。前端工程师的主要工作集中于 UI 的静态表现和动画上。设计师和产品经理在 UI 和动画上费尽了脑筋，如果负责开发的前端工程师能够对设计有所理解和掌握便事半功倍了。所以

1 Jesse James Garrett 于 2005 年 2 月发表了文章 *AJAX: A New Approach to Web Applications*，AJAX 在其中被正式命名，并沿用至今。

PC 时代的前端工程师结对编程的伙伴通常是一名 UI 或者 UE 设计师，目标是开发出高度还原设计稿的 UI 和动画。

> “PC 时代”是一个比较模糊的概念，并没有很准确的划分界限。一种较普遍的观点是，将 2010 年之前定义为“PC 时代”。这是由于自 2010 年起，Android 和 iOS 系统市场份额急剧上升，智能手机崛起，分流了大量 PC 用户。

之后智能手机崛起，彻底改变了用户的使用习惯和思维方式。今天人们看到一家陌生而特别的小店，第一反应是询问店家有没有专属的 App 或者微信公众号而不是网站。在这样的时代背景下，前端工程师的工作重心也发生了倾斜。历史的前进不仅带来了智能手机，也推动着设备硬件性能和浏览器的进化，同时还有 HTML5。前端工程师可以踏入视频、语音、VR 等新技术领域。从理论上讲，这个时代下的硬件和技术条件能够支撑更精致的 UI 和动画，但是 PC 时代火热的“设计+前端”模式反而逐渐式微，甚至有一段时间出现了设计的“返古潮”，即追求极简的设计风格，颇有些类似于文艺复兴时期建筑风格的“仿古潮”。

> 14 世纪文艺复兴时期，意大利的建筑风格出现了一股“仿古潮”。这股风潮反对代表着神权的哥特式建筑，学习以古希腊和古罗马为代表的古典建筑风格，核心理念是体现“自然”与“和谐”。

哥特式建筑代表——德国科隆大教堂
——图片引自维基百科

古希腊建筑代表——帕特农神庙
——图片引自维基百科

前端工程师的工作重点逐渐偏向复杂的交互逻辑和架构，同时技能和发展方向也发生了改变。在当前的时间节点，前端工程师的发展方向被重新定义，较普遍的有如下两种：

- 服务端 + Web 前端
- App 前端 + Web 前端

Node.js 是革命性的，语言的亲和性可以令前端工程师以相对较小的成本涉足服务端开发。以此为起点逐渐发展出了“服务端+Web 前端”的所谓“大前端”模式，是目前占比较高的一种趋势。与之形成对比的是“App 前端+Web 前端”，或者也可以称为“泛前端”，代表性技术是 React Native、Flutter 以及后续推出的各种类似技术和框架。前端工程师可以使用熟悉的 JavaScript、CSS、HTML 或者相似的技术（比如开发微信小程序和支付宝小程序所使用的技术）开发原生或混合移动应用。“泛前端”已经脱离了传统意义上的前端范畴，这种模式目前仍然处于探索阶段，尚未成为主流。与其相关的技术也没有发展成熟，未来如何发展尚不可知，但也不失为一个有价值的研究方向。本书所讨论的内容仍然是围绕传统 Web 领域的前端以及“大前端”展开的。

“大前端”模式下的前端工程师负责一部分 Web 服务端的开发工作，但是具体负责哪一部分或者说纵深的程度如何却是众说纷纭。有一种声音提倡所谓的“全栈开发”，即前端工程师负责开发客户端逻辑的同时，将 Web 服务端、数据库管理等工作一并包揽。这是一个美好的愿望，但实际上一个人很难做到从前到后面面俱到。如果仅是类似个人博客这种体量小、架构简单且对稳定性要求不高的网站，“全栈”没有任何问题。但是对于大型 Web 应用程序来说，每一个环节都必须做到尽善尽美。术业有专攻，专业的事情最好交给专业的人去做。另一种声音认为前端工程师可以负责一部分 Web 服务端工作，但是仅限于渲染。比如，使用 Node.js 架设中间渲染层，将前后端模板统一，比较典型的案例是淘宝的 Midway Framework。这种模式是实现前后端分离的一种探索，且目前已经得到业界一定的认可和普及。当然，随着相关技术的迭代和进化，其真实的价值和正误如何还有待评定，但就目前的时间节点来说，“大前端”模式已经成为一种主流趋势。

### 业务逻辑与交互逻辑

Rockford Lhotka 在 *Expert C# Business Objects* 一书中将应用程序的架构分为 5 层，由

下至上分别为：数据储存层、数据访问层、业务逻辑层、表现控制层和表现层，如图 1-1 所示。

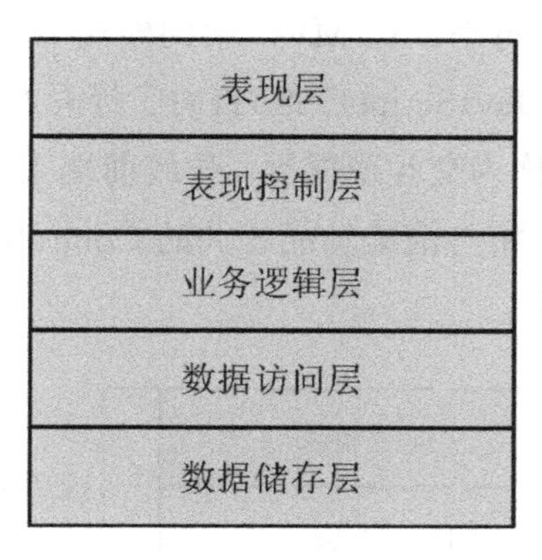


图1-1　应用程序的分层架构

- 表现层（Interface Layer）负责 UI 和数据的展示、用户行为的交互、用户输入的收集等，对应到 Web 领域就是浏览器层。表现层的代码是不安全的，JavaScript/CSS/HTML 均是明文代码，不论是否经过混淆和加密，它们都可以很轻易地被解析和解读。所以正如其名，表现层的工作仅仅是“表现”。
- 表现控制层（Interface Control Layer）负责路由分发、用户输入响应等，简单来说就是负责控制用户能够看到的内容，对应到Web领域可以理解为HTTP服务器、MVC[1]架构模式中的View以及与渲染功能相关的Controller。
- 业务逻辑层（Business Logic Layer）负责处理和管理所有的业务逻辑，包括但不限于数据验证、权限管理等。对应到 Web 领域可以理解为 MVC 架构模式中的 Model 和与数据处理相关的 Controller。业务逻辑层是项目业务的核心。
- 数据访问层（Data Access Layer）负责抽象和封装数据库操作，用于业务逻辑层与数据储存层之间的互动。数据访问层是面向对象理念中“关注点分离”的最佳案例之一，实现了业务逻辑与数据库的松耦合。
- 数据储存层负责数据的持久储存和管理，可以简单地将其理解为数据库管理层，由专业的数据库软件（比如 Oracle、MySQL 等）承载。

1　MVC 的全称是 Model-View-Controller，是目前 Web 服务端最普遍的架构模式之一。

在 SPA（Single Page Application，单页面应用）模式出现之前，通常由服务端模板引擎来渲染初始的 HTML 内容。在某些场景下，模板引擎需要对 Controller 传入的数据进行二次加工后再渲染成 HTML 字符串。在 MVC 架构模式中，通常将 View 理解为两部分：服务端动态模板与浏览器中的 JavaScript/CSS/HTML 等静态资源。在分层架构中两者分别属于表现控制层和表现层，统称为交互逻辑层。传统前端工程师的工作核心便是围绕 View 的静态部分展开的，“大前端”将与渲染功能相关的 Controller 归属于前端的工作范畴，定义为中间渲染层，如图 1-2 所示。

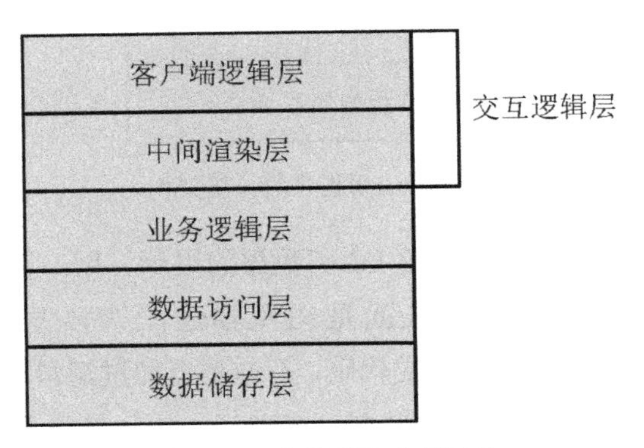


图1-2 “大前端”分层架构

层级之间的划分是一种架构设计上的约定，各个层级之间往往没有绝对明确的分界线。不同类型、场景、规模的项目在层级上的划分可能会存在很大差异。比如，对于类似个人博客的小规模项目，Model既存在于业务逻辑层同时又可以充当一定的数据访问层的角色。对于大型项目而言，分层架构是实现关注点分离的必要途径。业务逻辑层、数据访问层和数据储存层三者之间的划分相对比较清晰，相关技术和生态也相对成熟，并且不论是传统的前端还是“大前端”均不会纵深到业务逻辑层以下。所以对于前端工程师来说，数据访问层和数据储存层并不是深入研究的对象。随着前端技术的飞速发展，交互逻辑层与业务逻辑层越来越容易产生混淆，如何定义和区分两者是后续所讨论内容的必要前提。维基百科[1]对两者的定义为：

- 业务逻辑是现实业务规则的编码实现，决定了数据被创建、储存和修改的规则。

1 参见链接 1 和链接 2。

- 交互逻辑指的是将数据展示给用户的方式。

举个例子：假设某电商网站每隔一段时间会在所有注册用户中随机抽取 1 名幸运用户参与幸运抽奖活动。被抽中的用户会在下次登录网站时收到一则提示消息，提示的内容是“恭喜您成为幸运用户，请问您是否参加抽奖活动？”。此用户可以单击“是”按钮进入抽奖网页，也可以单击“否”按钮不参与活动。为了提升用户体验，在单击“否”按钮后会弹出再次确认的提示框，以防止用户误操作。如果普通用户进入抽奖网页，则提示其无抽奖权限。此外，此电商网站有中英文版本，两个版本除了显示的语言不同以外，所有的逻辑均完全一致。

将以上案例所述场景的大致逻辑进行简单梳理和划分，业务逻辑包括：

- 从数据库中获取所有注册用户，然后随机抽取幸运用户。这个逻辑在后台执行，用户不可见。
- 将被抽中的用户标记为幸运用户，开放抽奖权限，并且对其推送一条提示消息。
- 接收到客户端发送的用户不参加抽奖的 HTTP 请求，将此用户标记为普通用户，抽奖活动结束。
- 接收到客户端发送的用户参加抽奖的请求，首先验证此用户是否具有权限。权限验证成功进入抽奖逻辑，否则响应“无权操作”。
- 抽奖逻辑执行完毕之后通知用户抽奖结果，抽奖活动结束。

交互逻辑包括：

- 浏览器端在收到推送之后将此消息以对话框的形式展示给用户。
- 对话框中的文字根据当前用户浏览的版本设定为英文或者中文。
- 对话框中除了消息文字之外，还有两个可单击的按钮，分别为“是/Yes”和“否/No”。
- 用户单击“是/Yes”按钮后浏览器跳转到抽奖网页进入抽奖逻辑。
- 用户单击“否/No”按钮后弹出二级对话框，提示用户是否确定不参加活动。
- 二级对话框有两个按钮，分别为“确认/Confirm”和“取消/Cancel”。
- 用户单击二级对话框中的“取消/Cancel”按钮之后隐藏二级对话框，回到一级对话框。

- 用户单击二级对话框中的“确认/Confirm”按钮之后隐藏所有对话框，并且向后台发送一条 HTTP 请求，通知后台用户不参加抽奖。

以上业务逻辑和交互逻辑的划分乍看上去很清晰，但是有些逻辑的归属在前端工程师角色发生转变时就会产生问题。比如，上述业务逻辑中的抽奖权限验证环节，在传统的前后端分工模式（即前端工程师只负责浏览器端的相关开发工作）下应该交由服务端执行，这一点没有任何争议。那么如果是“大前端”模式呢？既然前端工程师掌控了 Web 服务端的一部分工作，是不是应该把抽奖的接口交给前端工程师？这个问题代表的是随着“大前端”的产生和普及产生的一个经典争议：前端该不该碰业务逻辑。

**前端的边界**

Berners-Lee[1]在编写第一个网页时可能没有想到Web网站的架构和开发人员的职责分配能够发展到如此复杂和精细，也不会想到前后端工程师会争执业务逻辑的归属问题。在前端工程师这个岗位诞生之前，网页的UI和交互操作非常简单，通常由服务端开发者兼顾为之。AJAX技术推动了网页的第一次革命，同时也间接影响了JavaScript、CSS、HTML的进化。客户端的UI和交互复杂度不断提升，从而出现了专职的前端工程师。也就是说，前端工程师这一岗位被独立分化出来的初衷便是负责客户端相关的开发工作。

最初的 Web 网站用户体量小、业务逻辑和交互逻辑比较简单，没有分层的架构设计。开发团队仅需要针对模块进行分工，不需要进行职责上的划分就可以完成开发工作。随着业务逻辑复杂度和数据规模的增长，开始分化出独立的业务逻辑层以及与业务逻辑解耦的数据层（包括数据访问层与数据储存层）。最后，在原有业务逻辑层的基础上进一步剥离出交互逻辑层，至此便形成了如图 1-1 所示的 5 层架构模式。在分层架构的演进过程中，每一次的分层都贯彻了关注点分离原则，将各个层级进行分离、解耦，从而搭建高性能、高可用、可扩展、可伸缩的应用程序架构，同时提高开发团队的迭代和维护效率。

业务逻辑层作为 Web 网站业务的核心，最主要的原则之一是平台无关性。比如，一个电商平台有 Web 网站、App、微信小程序等客户端平台，所有平台的核心业务逻辑必须保

---

1 Tim Berners-Lee，2016 年度图灵奖获得者，万维网的发明者，同时发明了世界上第一个浏览器 WorldWideWeb。2004 年被授予英国爵级司令勋章，所以在中国也被称为“李爵士”。

持一致。如果 Web 网站的开发团队施行“大前端”模式，那么所谓的“大前端”是否应该涵盖数据接口的开发和维护？假设 Web 网站出现了 bug 需要修改服务端的 HTML 模板，是否应该牵涉与渲染无关的服务端代码？相反，如果数据接口出现了 bug，是否应该牵涉与渲染相关的服务端代码？

单纯从技术角度考虑，将代码按照是否与渲染相关进行分隔，或者使用微服务架构将渲染功能分离和解耦都可以解决以上问题。但是即使抛开技术架构上的耦合，开发效率也是一个很大的问题。分层架构最典型的优势之一是负责各层级的开发者可以实现并行开发，如果前端工程师同时负责交互逻辑和业务逻辑，这不仅丢失了 Web 前后端并行开发的优势，同时还需要配合其他客户端平台的联调和测试工作，严重拖慢了整体的工作进度。

可能会有一部分前端开发者反驳“唯历史论”，认为以现在的前端技术和生态完全有能力承担业务逻辑层的开发。针对这种观点需要强调的一点是：架构的分层是一种设计理念，意在解耦，而不是以承载各层级的技术“能力”为界限。在此所讨论的“前端的边界”也并非指的是“前端工程师的能力边界”，而是讨论前端在 Web 分层架构中的位置。业务逻辑层不属于前端范畴并不代表前端工程师不能接触业务逻辑，职称只是一个代号，实际工作应根据团队组织架构和产品需求而定。比如依照上面所述，如果某些产品对于数据接口的需求是仅支持 Web 平台，则前端工程师负责这部分业务逻辑可以在一定程度上提高开发和迭代效率，虽然这种需求并不普遍。历史不断推进，技术和生态也不断进化，分层架构也只是目前时间节点的一种相对较优的实践方案，具有时代的局限性。但起码目前来看，这种层级的划分是比较合理的。所以在当前的时代背景下，前端仍然是围绕交互逻辑展开的。本书后续所讨论的全部内容均基于此。

## 1.2 架构与工程

一些国外的公司会将开发人员的职称分为 Developer（开发者）和 Engineer（工程师），国内的 IT 和互联网公司起步较晚，在职称划分上没有那么精细，通常将一线的开发人员统称为工程师。开发人员（程序员）有时会自嘲为“码农”，把工作称为“搬砖”，因为很多一线的开发日常仅仅是一些在既定环境、架构和规范下执行简单且重复的体力劳动。在相对成熟的技术环境下，一线的开发人员不需要开疆扩土，只需按照统一的规范，使用既定的技术栈完成被分配的任务，然后把编写的代码放到指定的服务器上即可。这种类似工厂生产流水线式的枯燥工作时常令人感到厌烦甚至怀疑自己的价值，但对于整体而言却是一种非常高效的模式。这种模式恰恰是工程师职称中“工程”两个字的意义，其建立者通常被称为架构师。

可能是因为软件架构流行的年代晚于软件工程[1]，学术概念上的软件架构汲取了软件工程早期的一些优秀理念，强调大型软件系统的设计方法论和实施模式。但学术有时候过于“高冷”，现实中并不一定要求项目具备足够高的复杂度才会涉及架构，即使一个最简单不过的静态页面也存在架构，只是太过于简单，缺乏深入研究和讨论的价值。但是不论量级大小，任何项目都会涉及开发、测试、发布和维护，这些流程均属于工程领域。除了项目本身的复杂度以外，业务的类型、场景、平台、用户群体等特征同样是架构的决定性因素。比如，Flash播放器对于一个运行于手机浏览器的直播网站完全没有应用价值；再比如，一个国际化网站的架构中必然要加入对多语言环境的支持。也就是说，任何关于架构的设计和实施必然以业务特征为根本出发点，否则毫无意义。而支撑项目的正常运行仅仅是衡量架构合理性最基础的标准，除此之外，架构的设计往往需要考虑高可用性、可扩展性、可伸缩性、性能以及安全，要保证项目在多变的生产环境下能够高效且稳定地运行，这些因素同样是从工程角度考虑的要点。

软件工程这一概念被提出的初衷是解决软件危机。[2]典型的软件危机有以下几个方面：

- 成本超标，包括硬件成本、人员成本、时间成本等。
- 性能不理想且功能不稳定。
- 开发过程混乱无序难以管理。
- 代码不规范，维护成本高。

从经济学的角度来看，软件危机的问题是昂贵的成本没有换来对应的收益，这也是工程学与学术研究最大的分歧之一。[3]工程学方法的核心是结合实际情况建立科学的、规范的

1　软件工程一词被正式提出于 1968 年由北大西洋公约组织 NATO 举办的首届软件工程学术会议上。而软件架构虽然最早在 1960 年就被提及，但直到 1990 年才流行起来。

2　为了应对软件危机，NATO 提出将工程理念带入软件开发领域，软件工程自此得名。

3　学术研究的主要关注点在于结果的正确性，而工程更关注经济角度的成本收益比。这也是计算机科学与软件工程两种学科最大的不同点之一。

设计和生产流程，降低生产成本。将这一理念带入软件开发领域便形成了软件工程。

代码和流程是软件工程的核心关注点。从代码的角度考虑，工程的目标是保证软件的高可用性、可扩展性、可伸缩性、性能以及安全，这些要素共同组成了软件的技术架构。在架构之外，工程从更宏观的角度完善开发和维护流程的管控，强调项目迭代的规范性、有序性、可控性和高效性，并根据架构特征提供额外的辅助功能。也就是说，架构是工程的子集，两者的关系可以简单概括为图 1-3。

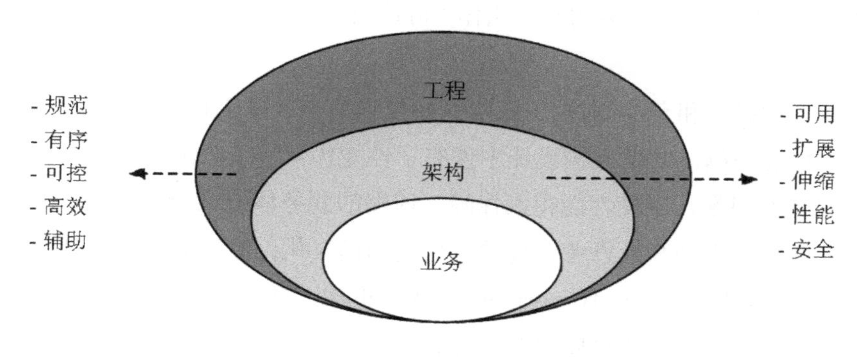


图1-3 架构与工程的关系

为了便于区分和理解，本书将前端工程化于架构之外的部分称为前端工程服务体系。如此便得出了前端工程化的定义：

前端工程化 = 前端技术架构 + 前端工程服务体系

世界上第一个计算机软件产生于什么年代可能无从考究，但自 1935 年艾伦·图灵建立计算机软件理论以来，软件架构与工程发展至今已然具备了相对成熟的理论并且积攒了丰富的行业实践经验。但是在前端开发领域，相对而言，架构与工程这两个词却仍然比较新颖。前端工程师这一岗位的历史较短，前端架构与工程也仅仅在近几年才刚刚起步，不论是理论还是实践均处于探索阶段，远没有形成成熟的模式和方法论。软件工程与架构着眼于软件的整体，是宏观的概念。将讨论的范畴聚焦于前端（即交互逻辑层），传统的软件工程方法论与架构设计理念并不完全适用，其原因主要有两点：前端技术架构的零散性以及模糊的工程边界。

# 1.3 零散的前端架构

如果将浏览器作为前后端的界定线（事实上，早期甚至目前很大一部分前端工程师确实只负责浏览器网页端的工作），那么在 AJAX 诞生之前，前端仅仅是交互逻辑层中薄薄的一层静态展示层。没有动态数据，没有模块化，现如今“无所不能”的 JavaScript 在那时的唯一作用仅仅是做一些简单的表单验证。在当时如果有人讨论前端架构可能会被嘲笑小题大做，因为那时所谓的前端架构不如叫作“源码目录结构”，不妨称之为“第一代前端架构模式”。

随着 AJAX 的诞生和普及，前端工程师开始处理 HTTP 请求和 DOM。频繁地操作 DOM 必然需要考虑性能问题，前端架构设计中便有了性能优化环节。浏览器开发商相继发布高性能的 JavaScript 引擎，网站性能得到保障，前端的业务体量进一步提升。为应对不断增长的代码量，前端工程师开始思考合理的组件化和模块化；数据复杂度和体量的增长催生了以 Backbone.js 为代表的第一代 JavaScript MV*框架，前端架构中新增了数据管理模块。至此便形成了“第二代前端架构模式”，相比前一代新增了以下环节：

- 性能优化
- 组件化/模块化
- 数据管理

Node.js 的普及令前端工程师开始接触 Web 服务层，以此为契机，前后端工程师开始思考架构的进一步细化和解耦，即前后端分离。确切地说，前后端分离应该被理解为一种分工协作的模式，严格来讲，其并不属于前端技术架构领域。但是在本书中，我们仍然将其视为前端架构的一部分进行讨论，原因有三：首先，催生前后端分离的关键因素是前端业务和技术的发展；其次，相比后端而言，前端架构受前后端分离的影响更大，甚至可以说是关键性因素；最后，在众多相对成熟的前后端分离方案中，起主要作用的，或者通俗一些说，操刀写代码的主力大多是前端工程师。

至此，“第三代前端架构模式”成形，也是前端发展至今相对完善的架构模式。总结之前的内容，完整的前端架构包括以下环节：

- 源码组织规范
- 组件化/模块化
- 数据管理
- 性能优化
- 前后端分离

以上各个环节是任何一个大中型 Web 前端项目必然具备的，我们可以称之为前端架构中的共通点，或者说其是与业务类型无关的。

在 HTML5 发布之前，前端的业务类型非常单一，前端工程师的工作仅仅是围绕着 DOM 展开的。随后，HTML5 为前端带来了多媒体、绘图、即时通信等技术，前端的业务类型开始扩展：

- HTML5 Video/Audio 取代 Flash 成为浏览器端音视频处理的首选方案。
- WebRTC 技术令网页逐步取代桌面应用成为电话会议、网络直播等即时通信业务的主要平台。
- WebGL 是大型 3D 图形应用（地图、游戏等）的首选方案，还可以结合 DeviceOrientation API 开发 Web VR 应用。

不同业务类型的技术架构往往包含一些与业务紧密相关的特殊性，比如视频播放器如何实现分段视频的无缝连续播放，复杂图形应用如何实现并行计算（使用 Web Worker）以保障交互的流畅，类似 Google Docs 的多人协作平台如何设计高效的 diff 算法解决编辑冲突问题等。这些独特的业务类型均在一定程度上造成了前端技术架构的零散性。

除此之外，项目的体量同样影响前端技术架构的设计。一个仅包含一张海报图片的推广活动网页的架构几乎没有讨论的必要性；庞大的 CMS 系统（Content Management System，内容管理系统）要求具备严谨且复杂的数据管理模块。这些均是前端技术架构零散性的具体表现。

> 其实不论是什么类型的应用，越接近用户的环节技术架构越零散。比如，对于 Web 应用来说，项目的体量、类型对数据层最大的影响是数据库和查询算法的设计；对业务逻辑层而言，架构模式、领域模型、分布式架构甚至编程语言的选择都必须以业务为核

> 心；而直接接触用户的前端虽然编程语言的技术选型单一，但是前后端分离架构、模块化规则等均受业务体量和类型的直接影响。

## 1.4 模糊的前端工程边界

“大前端”也好，“泛前端”也罢，不同的分工模式说明目前市场对于前端工程师没有明确的定位，前端工程师的工作范畴并不清晰。这种局面不仅造成了前端与其他职能岗位之间模糊的分工，同时也影响了前端工程服务体系的界定原则。

#### 前端与 X 端

业务的类型和特征决定技术团队的组织架构，从而影响了各职能岗位之间的分工和协作模式。比如，对于传统的 PC 网站，与前端工程师接触最多的是服务端开发人员；而对于混合应用（App+Web），前端工程师则需要与 App 客户端开发人员频繁协作。分工模式的差异直接影响前端工程服务体系的具体形态，比如无 SEO（Search Engine Optimization，搜索引擎优化）需求的 Web 应用可以大胆地采用 SPA 架构，这是目前最普遍、成本最低的前后端分离模式，可以实现动静资源的分离部署和发布。而对于涉及服务端渲染的 Web 应用，是否具备中间渲染层是影响前端工程服务体系的决定性因素。

#### 前端与测试

一款软件或者应用的测试阶段一般需要依次通过单元测试、集成测试、端到端测试和验收测试。单元测试通常指对单个组件或者模块的逻辑正确性进行的验证过程。集成测试是单元测试的逻辑扩展，将多个组件或模块组合为一个复杂模块，然后测试其逻辑和功能的正确性。单元测试和集成测试通常由开发人员在将应用程序交付测试之前进行。端到端测试指的是将所有组件和模块组装成完整的应用程序后进行的技术性测试，测试范畴包括功能、性能、健壮性、稳定性等。目前我们所说的测试工程师通常主要负责这部分工作。验收测试可以简单理解为站在用户的角度去评估应用程序是否满足了需求，由需求方（通常是产品经理）负责，也有团队将验收测试交由测试工程师负责。

从 Web 应用程序整体架构的角度理解，前端和服务端的开发工作分别对应交互逻辑模块和业务逻辑模块，则前端单元测试的目标是在既定接口规范的前提下保证交互逻辑的正确性；服务端单元测试的目标是正确响应由前端发起的网络请求。在团队配合过程中，进行前后端集成测试之前有一个必要的流程：联调。顾名思义，联调就是将前后端联合起来进行调试，一般由前后端开发人员协作完成。在联调之前，前后端单元测试的具体实施均直接受到前后端分工模式的影响。

> 现实开发过程中一种很常见的场景是：开发和测试阶段使用测试接口，测试通过后前端开发人员将接口地址修改为线上接口地址后再进行部署和发布。这个流程不合理的地方在于：第一，很容易发生人为疏忽；第二，前端代码需要二次构建。虽然可以通过制定严格甚至烦琐的审查流程尽量减轻这些问题带来的影响，但仍不能完全避免。目前比较普遍的解决方案有两种：第一种是将与环境相关的所有数据抽离为单独的模块，作为配置参数单独放置于一个文件中，这是一种成本较低、易实施的方案；第二种是在仿真环境中进行测试，这种方案要求开发团队建立与生产环境基本一致的仿真环境。

**前端与运维**

如果说前端与其他职能团队之间的分歧主要在于某些功能如何实现，那么前端与运维的分歧便集中在某些功能应该交给谁来做。一部分（可以说是绝大部分）企业对于技术团队的组织架构划分秉承着研发与运维分离的原则，即将负责业务开发、测试、设计等职能的岗位汇总在一起组成“应用研发团队”，将运维岗位独立为“线上保障团队”。这种组织架构模式下典型的协作流程，如图 1-4 所示。

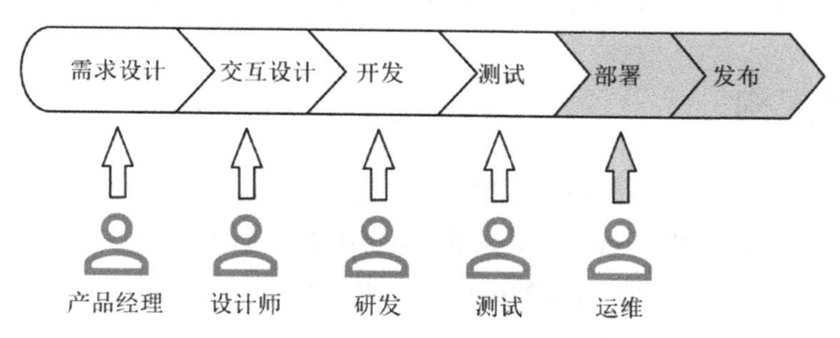


图1-4　传统的研发与运维职能分配

项目经过需求设计、交互设计、开发以及测试之后，开发人员将项目代码递交给运维人员，递交的方式多种多样，可以通过 SVN 或者 Git 平台作为递交中介，也可以通过特定的运维平台上传文件，甚至干脆将压缩包通过 QQ 或者邮件直接交付。运维人员收到上线请求之后将项目文件进行部署和发布。同时，运维人员还负责服务器预警处理以及版本回滚等操作。可以说开发人员将项目文件交付给运维人员之后便无须关心后续环节了，他们只需静静地等待项目上线以后修复用户反馈的 bug。

将开发与运维分离的主要目的是保障线上的稳定性。开发人员不直接接触生产环境，减少了很多人为失误导致的低级错误。除此以外，通常还会建立固定的上线周期，比如非紧急情况下只允许周二和周四上线。这种模式的优劣本书不做评价，但毫无疑问影响了迭代的自由度。近几年，与这种组织架构相反的 DevOps 模式开始崛起，目标是实现软件开发、测试和发布的敏捷性和持续化。但 DevOps 在国内企业的布道仍然任重道远。

开发与运维的协作关系直接影响工程体系在部署环节的具体形态。比如，在开发与运维分离的模式下，开发人员基本不需要关心持续化的问题，但是在 DevOps 模式下，持续化与每个人都息息相关。本书将在第 8 章详细讲解其中的细节。

## 1.5 前端架构师的职责

根据前面对前端工程化的定义，前端架构师的职责可以简单概括为两方面：

- 根据业务特征设计合理的前端技术架构。
- 根据架构特征搭建高效的前端工程服务体系。

### 1.5.1 技术架构

无外界条件干预的孤立系统会自发地朝着热力学平衡——最大熵状态——演化，这是经典的热力学第二定律。熵（Entropy）是热力学[1]中的一个概念[2]，后被引申到化学、统计学甚至哲学等学科。目前一种较普遍的引申意义来自统计学中对熵的定义[3]：熵用于衡量系

1 热力学的全称是热动力学，是物理学的一个分支，是一门研究热现象中物态转变和能量转换规律的学科。

2 熵在信息论、生物学、化学等学科中均有所应用，最早于 1865 年由德国物理学家鲁道夫·克劳修斯提出，应用于热力学系统。

3 奥地利物理学家路德维希·玻尔兹曼于 20 世纪 70 年代提出玻尔兹曼原理，其中对熵的定义是作为系统混乱程度的度量。

统的混乱和无序程度，熵增（正熵）代表系统趋向无序，熵减（负熵）代表系统趋向有序。将熵的定义引申到软件架构中同样适用。架构难以满足日益增长的功能需求，如果任其野蛮生长，碎片化会越来越严重、越来越无序，最终达到一个难以继续维护和扩展的阈值，便会得到一种极端的结果：彻底重构。架构师的职责便是通过及时、有效的干预[1]，令软件架构产生负熵，以保持系统的有序。

> “有序”和“无序”的意义均是以人类世界为参考系的，比如我们认为云应该飘在天上、水应该往低处流、生物应该生存。而这些均不是热力学所描述的“孤立系统”，之所以“有序”是受到了外界作用力的影响，漂浮的云是因为有空气浮力，水往低处流是因为受到重力的牵引，生物能够生存是因为新陈代谢。与外界进行交互产生负熵才能实现系统的“有序”，然而这种“有序”并非永久性的，熵仍然缓慢地增加，生物终究会死亡。电影《无姓之人》描述了一种极致的熵减世界：人类无法自然死亡。人体产生的正熵与通过外力（基因改造技术）产生的负熵达到平衡，保持绝对的“有序”。

人体的内脏器官均有不同的分工，比如肺属于呼吸系统、胃属于消化系统、肝属于排毒系统等。各个器官完成各自分属功能的同时组合为一个完整的有机整体。如果将软件系统类比为人体，那么系统的各个模块则对应人体不同的器官。结合前面所述，不论是宏观范畴的 Web 应用分层架构，还是微观范畴的前后端分离，基本的原则是一致的，即通过合理地解耦各个组件/层级的功能提高系统的高效性和灵活性，所有组件/层级在完成各自功能的同时组合为完整的软件系统。从中可以总结出软件架构的两个基本要素：分治和聚合。

分，即将问题化整为零，各个击破；合，即将各个模块化零为整，融会贯通。这种理念不仅仅是软件架构的根本，也同样适用于其他工作领域。具体到实际开发工作，在进行软件架构设计之前往往需要充分的准备工作，比如对编程语言的选择、对技术规范的制定以及根据业务类型进行合理的技术选型等。

### 编程语言

不论何种业务类型和架构模式，前端项目始终无法脱离HTML、CSS、JavaScript这三

1 所谓及时干预可以理解为连续的、微小的重构行为。与彻底重构不同的是，微小重构的成本很低，并且不会打破软件系统的整体架构，而是修正架构的部分缺陷以适应业务功能需求。

种核心技术。一些特殊的业务类型可能会涉及其他编程语言，比如使用WebGL的复杂图形应用会涉及GLSL[1]，计算密集型项目可以大胆地使用最近推出的WebAssembly等。虽然编程语言的选择相对单一，但任何一个都不是"等闲之辈"：

- 从严格意义上来说，HTML 和 CSS 是标记类语言，并不能称为编程语言。两者原始的语法非常简单且缺乏可编程性，所以，通常前端开发者并不会直接编写 HTML 和 CSS，而是借助一些工具和框架，目的是令源代码具有可编程性，以便于维护和迭代。前端架构师的工作之一便是选择适用于业务类型、同时可提高开发和维护效率的工具和框架，并且制定相应的开发规范。
- JavaScript 是一种非常灵活的编程语言，这是一种优势，但同时也给大型项目和复杂架构带来了一定的隐患，所以在很多情况下需要通过框架或规范去限制 JavaScript 的灵活性，比如弱类型机制。JavaScript 的一个核心问题是异步编程，如何避免回调地狱（Callback Hell）令源代码更利于迭代和维护并且同时兼顾性能，这些均属于前端架构师的工作范畴。

简言之，前端架构师在编程语言方面的工作并非集中于语言本身，而是在充分了解语言特性的前提下制定适用于业务类型的开发规范和技术栈。

**技术规范**

成熟的技术团队通常会设立代码审查（Code Review）制度，这样一方面可以发现代码逻辑的缺陷以及算法对性能的不良影响；另一方面是为了纠正开发者不规范的编码方式。编码规范并不是衡量开发者技术能力的主要因素，也并不能直接影响产品的功能和性能，但几乎所有开发者都不喜欢命名不规范[2]、没有注释和文档的代码。

除了编码规范以外，项目源码的组织结构、依赖管理以及第三方技术选型同样是技术规范的一部分。技术规范的优劣并没有绝对的评判标准，其唯一的原则是一致性。统一的技术规范能够显著提高团队协作和项目迭代的效率，这种优势随着团队规模和项目量级的增长被逐步放大。

---

1　GLSL 语言用于编写 WebGL 着色器。

2　命名不规范有一定的历史原因，比如在缺少 JavaScript 构建工具的年代，开发者通常会将代码手动混淆（即刻意地把变量和函数名称写得不明就里）。甚至某些编程语言本身也存在此类问题，比如被广泛吐槽的 PHP 内置函数命名。

### 组件化

组件化是代码复用的一种经典实施模式。前端技术发展至今，对于前端组件的定义不仅停留在 UI 层面，而且融入了一些面向对象的理念，比如封装性、扩展性、可组合性、可复用性等。按照与产品逻辑耦合程度的强弱，前端组件又可分为基础组件和业务组件。前端组件需要建立在既定的设计规范之上，比如 Google 的 Material Design、阿里的 Ant Design 等。除此之外，前端组件的具体形态必须适用于所采用的技术架构，比如在同构编程场景下组件需要同时兼顾浏览器环境和 Node.js 环境。

### 前后端分离

前后端分离的宗旨是将前端开发与后端开发解耦，进而实现开发、维护、部署甚至发布的相对独立性，提高开发效率和快速响应问题。目前较普遍的前后端分离方案分为两类：SPA架构和Node.js渲染层。SPA架构是一种极端的分离方案，其优势在于成本低、可离线等。但是由于其抛弃了服务器渲染，所以不利于传统的SEO，适用于无SEO需求的应用类型，比如Hybrid应用[1]。Node.js渲染层的优势在于对SEO友好、首屏速度快，并且提供了同构编程的可行性。但是相对于SPA架构来说，后者实施成本略高。

### 性能

性能是评估应用程序高可用性最重要的指标之一，对于用户群体广泛、设备多样、场景复杂的互联网产品来说，性能也是抢占市场的核心竞争力之一。业内有许多性能影响产品市场的案例，没有人喜欢操作卡顿、响应缓慢的应用程序，几乎所有人都会选择性能更优的同类产品。

对于用户来说，Web 网站的性能通常表现为首屏加载时间、操作响应速度等。从技术角度来讲，Web 应用整体架构的任何环节（包括软件和硬件）都能影响网站的性能，比如服务器分布式架构、负载均衡、数据缓存层等。作为应用最上层的前端来说，性能优化的具体措施更多的是从软件层面出发的，可以归结为两类：加载性能和执行性能。提升加载性能的主要目标是尽可能快地将网站呈现给用户；提升执行性能的主要目标是快速响应用

1　Hybrid 应用是在原生应用程序中通过 WebView 嵌入 Web 网站的混合应用，是目前一种较为普遍的移动端应用架构。

户的操作。然而需要谨记的是：快并非性能优化的唯一指标，现实开发中往往需要在性能和功能之间进行权衡，切勿一味地追求性能而影响产品功能。前端架构师需要在深刻理解浏览器渲染原理、编程语言特性、HTTP 等知识的前提下制定适用于前端并且与 Web 整体架构相契合的性能优化策略。

## 1.5.2 工程服务体系

成本控制是工程的核心关注点，对于需要依靠快速迭代来争夺市场的互联网产品来说，时间成本是最昂贵的成本之一。作为软件工程在前端范畴的具体实践，前端工程化最基本的原则是在保证产品功能的前提下尽可能地降低迭代所消耗的成本。具体到实际工作中，成本又可以细分为人力成本和沟通成本。前面所述技术架构层面的设计除了前后端分离涉及与后端工程师的协作以外，其他各方面均局限于前端范畴，只能力求在局部范围内实现熵减架构。而如果将视野扩展到 Web 应用整体，仅仅保证前端架构的熵减还远远不够。一个完整的迭代周期需要依次经历开发、测试、部署和发布环节，产品上线后需要及时跟踪和响应用户的反馈以及监控生产环境的稳定性。通常每个环节都有专门的团队或者人员负责，各团队的管理和工作保持一定的独立性有利于组织架构的调整和技术架构的演进。然而跨团队协作的沟通成本是非常昂贵的，降低成本不能只依靠人与人之间的书面和语言沟通，还需要使用技术手段建立合理的协作规范、工具和平台。所以前端工程服务体系的目标便很明确了：

- 降低开发本身所消耗的人力成本。
- 降低跨团队协作消耗的沟通成本。

### 开发

业务的需求、功能的量级，甚至不同的开发阶段都有可能影响协作开发的具体模式。根据协作模式的不同可以将开发工作分为个人独立开发、团队内协作开发和跨团队协作开发。这三种开发类型各自典型的成本消耗分别为：个人独立开发过程中由重复性体力劳动所消耗的人力成本；团队内多人协作开发过程中由历史代码交接、模块集成所消耗的人力和沟通成本；以及跨团队协作开发过程中由各团队技术规范差异和开发进度不同步所消耗的时间、人力和沟通成本。基于以上问题，前端工程服务体系针对开发阶段的目标为：

- 减少重复性体力劳动。
- 建立规范的代码版本管理规范。
- 辅助跨团队并行开发。

**构建**

在前端领域，构建是一个比较新的词汇，随着前端技术的演进，对于构建功能的需求和相关工具也在不断发展。最早一批前端构建工具（如YUI Compressor[1]）的功能仅仅是对JavaScript和CSS文件进行压缩，以便提高网站的加载速度。随后LESS、SASS等CSS预编译语言兴起，在构建中加入了对CSS预编译的支持。时至今日，构建已经成为现代前端开发不可或缺的一部分，也是前端工程服务体系中最重要的环节之一。业内对前端构建的普遍需求除了压缩和CSS预编译之外，还包括对模块体系（ES6 Modules、AMD、CommonJS）的支持、ECMAScript规范转译、自动生成CSS Sprite以及特定开发框架（如React、Vue）编译等。由此可以归纳出前端构建所针对的几个方向，如下所述。

- 编程语言：构建针对编程语言的相关功能可以理解为编译（Compile），即将源代码转换为客户端可执行代码的过程。除了原生的 JavaScript 和 CSS 以外，CSS 预编译、特定开发框架编译均属于此类。
- 性能优化：比如压缩混淆、自动生成 CSS Sprite、动态模块按需加载等。
- 部署策略：比如给静态资源 URL 加入 Hash 指纹和 CDN 路径等。
- 开发效率：比如文档生成、动态构建等。
- 审查评估：比如规范审查、性能评估等。

**测试**

虽然前端技术发展迅速，但是测试前端应用仍然比较困难，一是由于 GUI 应用普遍难以测试；二是因为前端技术过于灵活。这两点也是前端测试的突破口。首先，通过制定统

1　YUI Compressor 是 Yahoo 推出的与开源前端框架 YUI 搭配的压缩工具，发布于 2006 年。

一的代码规范甚至编程范式对 JavaScript 编程的灵活性进行一定程度的限制，令 JavaScript 代码更容易测试。其次，得益于 React、Vue 等前端框架的流行，在 Node.js 环境中将 HTML 文档内容渲染为字符串，从而可以进行 UI 快照测试。最后，在端到端测试和集成测试阶段需要尽可能地消除测试环境和生产环境的差异，避免无效的测试样例。

### 部署

前端部署的资源主要是 JavaScript、CSS、图片等静态文件，而在“大前端”架构下会涉及 Node.js 服务代码。不论何种资源，部署的目的简单讲就是把代码“放”到指定的服务器上，从这个角度理解，所有类型的资源对于部署来说都是等同的。所以部署最核心的地方并不是对不同类型资源的处理，而是对流程的控制。这项原则对于任何职能部门来说都是适用的。此外，作为应用发布前的重要环节，部署需要做到稳定和精准。然而对于不同规模的团队来讲，有时候不得不在两者之间做一些取舍。

### 持续化

开发、构建、测试和部署组成了一个完整的迭代流程，工程化的第一步是合理地使用工具以提高各个环节独立的工作效率；第二步是搭建自动化流程来提高跨团队协作开发的效率，降低迭代整体所消耗的时间成本；最终的目的是持续化。持续化是一个宏观话题，作为狭义范畴的前端工程服务体系，对于持续化的支持分为两方面：

- 前端范畴内的持续化。
- 作为 Web 应用整体持续化体系的一个子集。

持续化是一个非常庞大的技术体系，近些年业内与此相关的讨论和研究从未停止。本书并不会深入持续化的各个技术要点，作者也并非持续化领域的技术专家，所以本书仅以作者在自身工作经历中获取的经验和心得为基础，聚焦于前端范畴内的持续化实施。

### 监控与统计

很多前端团队在制定工程化方案时并没有将监控与统计作为必需的环节考虑，一方面是由于大部分前端涉及的统计数据是与产品相关（比如 PV、UV）的，并非是技术团队主要关注的数据；另一方面则是考虑到部署前端监控和统计系统的性价比问题。

通常，Web 应用与技术相关的指标包括性能表现和稳定性。对于前端来说，很多性能问题可以借助工具在测试甚至开发阶段暴露出来，但这并不意味着在生产环境下统计性能数据缺乏必要性，真实的用户数据是模拟不出来的。另外，很多人对于前端存在这样的误解：在集成测试阶段基本可以覆盖绝大部分的交互逻辑甚至边界逻辑，线上即使出现问题也是极其边缘的，只会影响很小一部分用户，并且只要不涉及后台数据，Web 网站出点小问题“打个补丁”就好了。之所以有这种误解是由于混淆了前端稳定性监控的关注点。

对前端稳定性的监控一方面针对的是前端本身的交互逻辑，但是这仅是非常小的一部分，其更多针对的是数据接口，也就是服务端的稳定性。数据接口提供给前端调用，并不会直接面向用户，所以一旦出现 bug，用户的第一反应是这是前端的问题。前端团队接收到用户的反馈之后经过调试发现是服务端的问题，进而再反馈至相关负责团队。这是一个非常漫长的过程，并且会消耗大量的沟通成本。而如果可以在前端调用接口没有返回预期结果时立即反馈至监控平台并且报告错误信息，开发团队便可以在第一时间定位到问题的症结，从而缩短修复问题的时间，从而间接地提升了产品的竞争力。除此之外，监控和统计也是持续化工程体系不可或缺的一部分。

## 1.6 总结

Web 应用从简单的静态网页发展到如今复杂度不逊于桌面和手机应用程序，而前端的变化是技术的不断进步和权重的不断增长，不变的是始终围绕分层架构中的交互逻辑层展开。爆发式的技术发展给前端开发带来了很多问题，不论是从前端应用架构本身还是迭代流程考虑，前端急需系统性的开发和管理方案。

作为软件工程的一个子集，前端工程化仍然围绕编码、方法、工具三个要素展开。从前端应用的技术架构本身出发，关注点聚焦于模块解耦、数据管理架构模式、性能以及前后端分离，目标是实现架构的高可用性、可扩展性、可伸缩性，同时提高独立开发和跨团队协作开发的效率；从架构之外的角度出发，关注点聚焦于前端应用的开发、构建、测试、部署以及持续化工程体系，目标是建立规范、有序、高效的迭代流程，降低产品迭代所消耗的人力和沟通成本。

# 第 2 章
# 编程语言

编程语言不仅仅是一种技术，也是一种习惯性思维。

——摘自《黑客与画家》

开发 iOS 应用可以选择 Objective-C 或者 Swift，开发 Android 应用可以选择 Java、Kotlin 甚至 Scala，服务端编程语言更是数不胜数，比如 PHP、Java、Go 等。而前端的编程语言始终只有 HTML、CSS 和 JavaScript，而且严格来讲，只有 JavaScript 才能被称为编程语言，HTML 是一种标记类语言（Markup Language），CSS 是一种样式语言（Style Language），两者更倾向于 DSL（Domain Specific Language，领域特定语言）范畴。当然，我们可以期待 WebAssembly 的进一步完善和普及能够给前端带来更丰富的编程语言选择。

技术栈单一的好处是初学者有明确的学习方向，不必像其他领域的开发者一样纠结于编程语言的选择；然而长期使用固定的编程语言很容易令开发者形成思维定式，缺乏跨领域思考和解决问题的能力。技术演进与架构设计不仅以本领域技术栈的特征为基础，同时也需要在其他领域汲取灵感，比如被Vue、React、Angular等流行前端框架广泛采用的MVVM（Model-View-ViewModel）架构模式便借鉴自WPF。[1]

1　MVVM 于 2005 年由微软架构师 Ken Cooper 和 Ted Peters 提出，作为 WPF（Windows Presentation Foundation）的一部分被广泛使用。

从架构层面思考编程语言一是为了选择适用于业务的架构模式和技术选型；二是根据语言特征制定技术规范和开发范式可提高个人以及团队的开发和维护效率；三是由于前端编程语言的单一性，“编程语言仅仅是一种工具”这种论调并不适用于前端。以 JavaScript 为例，虽然宏观架构并非必须深入语言的每一个技术细节，但是必须将某些非常关键的特征作为架构设计的重要考量因素，比如弱类型、异步编程等。

本章以上述三个方向为切入点，阐述在前端技术架构设计中于编程语言层面的考量，包括：

- 服务端渲染和客户端渲染 HTML 的对比。
- 使用预编译和后编译技术弥补 CSS 编程的缺陷。
- 为 JavaScript 加入强类型和数据不可变性的必要性。
- JavaScript 异步编程的方案选择。

## 2.1 HTML

Web 网站从诞生到发展至今的二十几年时间里，前端资源的分配比例依次经历了少量 HTML+少量 CSS、大量 HTML+大量 CSS+少量 JavaScript、大量 HTML+大量 CSS+大量 JavaScript、少量 HTML+大量 CSS+大量 JavaScript，并且目前 All-in-JS（即 HTML 和 CSS 由 JavaScript 编写）的趋势越来越明显。在 React、Vue、Angular 等开发框架的支持下，HTML 和 CSS 可以由 JavaScript 编写，经编译后产生 CSS 代码和用于在浏览器环境下渲染 HTML 的 JavaScript 代码。

Web 网站在从静态的“WebPage”进化到动态的“WebApp”的过程中，客户端渲染（Client Side Render，本书后续将其简称为 CSR）是非常重要的一环。服务端渲染（Server Side Render，本书后续将其简称为 SSR）到客户端渲染转变的背后是技术的推动。浏览器的高性能和功能丰富性是 CSR 可行的必要环境基础，JavaScript、HTML 的不断进化是支撑 CSR 从某些方面能够超越 SSR 的技术条件。虽然在当前的技术环境下，CSR 完全有能力在某些场景下取代 SSR，但是 Web 整体的产业生态并没有与前端技术保持同步高速发展，其中最典型的就是 SEO。

JavaScript起步晚于HTML和CSS[1]，最初的Web网页仅仅是静态的HTML页面，后来陆续加入了CSS和JavaScript。时至今日，绝大部分浏览器仍然保留着“禁用JavaScript”的功能开关。SEO爬虫软件通过分析网站的HTML文档抓取信息，从其诞生之初便没有将JavaScript脚本考虑在内。即便是在依赖CSR的SPA模式大行其道的今天，也仅有Google爬虫初步支持了SPA并且需要在编写时进行特殊处理。[2]所以，前端技术单方面的可行性并非是决定采用SSR还是CSR的唯一因素，还需要结合Web整体产业生态，综合考虑业务产品的使用场景、用户类型甚至市场推广策略等多方面因素。

## 2.1.1 SSR

SSR 的大致工作流程如图 2-1 所示。

1. 浏览器向网站发起请求。
2. 服务器接收到请求后首先查询数据库中的动态数据（如用户数据），然后将数据通过模板引擎编译为 HTML 字符串返回给浏览器。
3. 浏览器接收到 HTML 文档之后将其渲染为可视化的 UI。

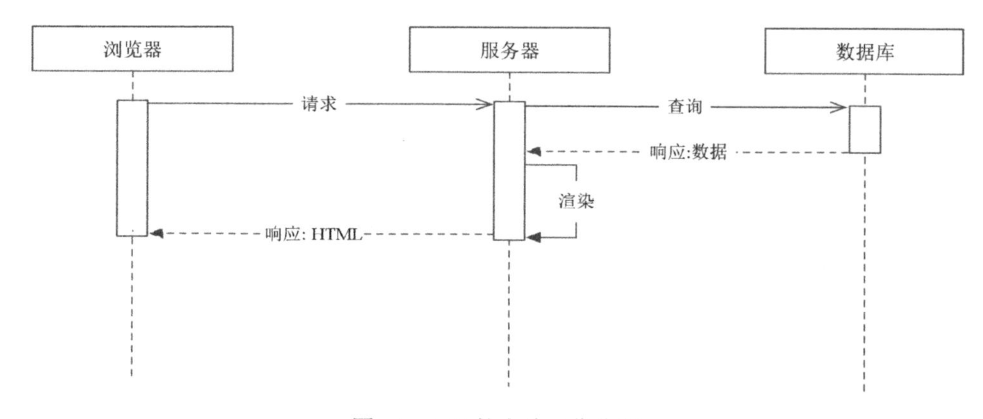


图2-1 SSR的大致工作流程

SSR 相对于 CSR 最主要的优势在于其支持 SEO 且首屏时间短，前者从 Web 整体产业

1 HTML 最初于 1991 年被提出，CSS 和 JavaScript 分别于 1994 年和 1995 年被提出。

2 参见链接 3。

生态出发，后者从用户体验出发。SSR 适用于交互简单、以静态内容为主并且有 SEO 需求的业务产品。CSR 与 SSR 在首屏时间上的差距正在随着用户设备硬件性能、网络技术的提升以及前端技术的发展逐渐缩小，但是 SEO 仍然是短时间内 CSR 无法逾越的一道鸿沟，也是目前市场上 SSR 仍然占据主流的主要原因。目前来看，前端技术单方面的发展无法令 CSR 完全取代 SSR，但在一定程度上影响了 SSR 的具体实现模式。

#### 传统模板引擎

传统SSR的实现模式是借助与服务端编程语言或框架搭配的HTML模板引擎将数据编译为HTML文档，比如适用于Java的FreeMarker、适用于PHP的Smarty以及适用于Node.js的 Pug 等。模板引擎可以被理解为一个功能强大的字符串处理工厂，其最大的优势是快速和缓存。

#### React/Vue SSR

React 并不是一个旨在取代 jQuery 的“工具库”，也不仅仅是一个好用的框架，而是前端领域内的一项革命性技术和理念。Virtual DOM 令前端“脱离”了对浏览器环境的强依赖，为在 Node.js 环境下运行 React 提供了可行性。使用 React、Vue 承担 SSR 的主要优势在于同构编程，同一组件可以同时适用于客户端和服务端，这不仅节约了一定的开发成本，还能够在一定程度上加强前后端视图逻辑的统一性。然而相对于传统模板引擎，React/Vue SSR 仍然有一些难以避免的问题。

首先，React/Vue SSR必须依赖Node.js环境，技术栈的迁移对于历史悠久的团队和项目来说是一项成本非常高的工作。其次，React、Vue最主要的阵地仍然是客户端，其核心思想以及实现方式均以面向浏览器环境为主，截至目前，两者均尚未推出专门针对SSR的版本。所以，将React、Vue应用于SSR不能发挥框架的全部能力。事实上，SSR仅仅使用React、Vue框架将数据编译为字符串的几个API，其他只适用于浏览器环境的API（如React的componentDidMount、Vue的mouted等）便成了冗余，而这些恰恰是框架最核心的功能。任何冗余的功能和代码都是有代价的，这些代价引发了React、Vue相对于传统模板引擎最大的劣势之一：性能。分别使用Pug引擎和Vue SSR渲染一个长度为 100 的列表[1]，测试两者的并

1 参见链接 4。

发处理个数和单次渲染速度，结果如图 2-2 和图 2-3 所示。从对比数据来看，Vue SSR相对于Pug模板引擎仍然存在很大的差距。

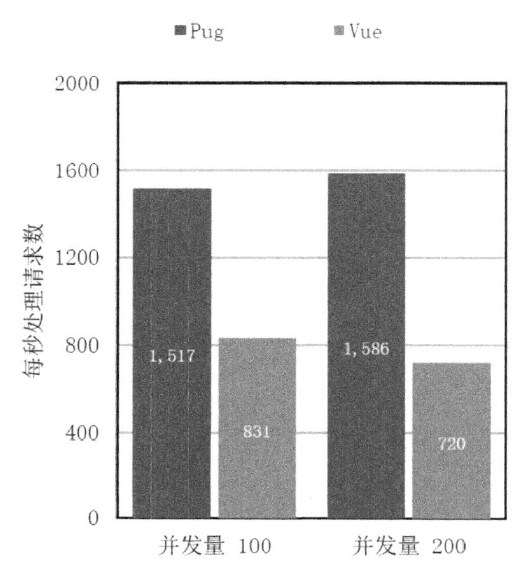


图2-2　Pug模板引擎与Vue SSR并发能力对比

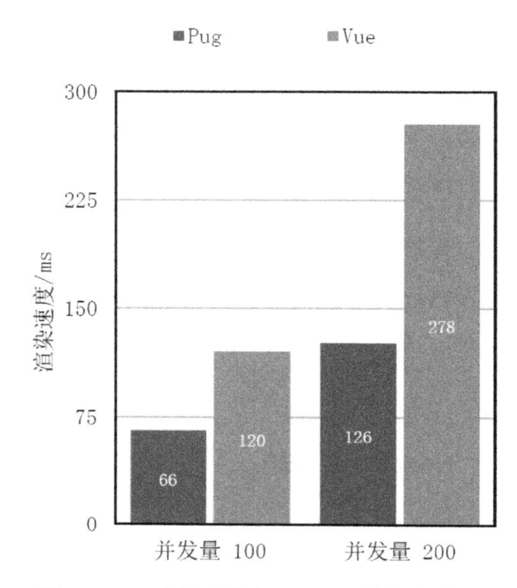


图2-3　Pug模板引擎与Vue SSR渲染速度对比

综上所述，传统模板引擎适用于非 Node.js 技术栈团队以及对渲染速度要求较高的业务产品，React/Vue SSR 适用于 Node.js 技术栈团队以及对渲染速度要求略低的业务产品。

## 2.1.2　CSR

CSR 的大致工作流程如图 2-4 所示。

1. 浏览器向网站发起请求。
2. 服务器接收到请求之后立即返回静态的 HTML 部分，这部分内容通常是与用户无关的静态数据。
3. 浏览器解析 HTML 文档，待 JavaScript 脚本加载完成之后发起异步请求，获取动态数据。
4. 服务器接收到异步请求之后查询数据库并将动态数据返回给浏览器。

5. 浏览器接收到动态数据后使用JavaScript将数据编译为HTML字符串并渲染为可视化的UI。

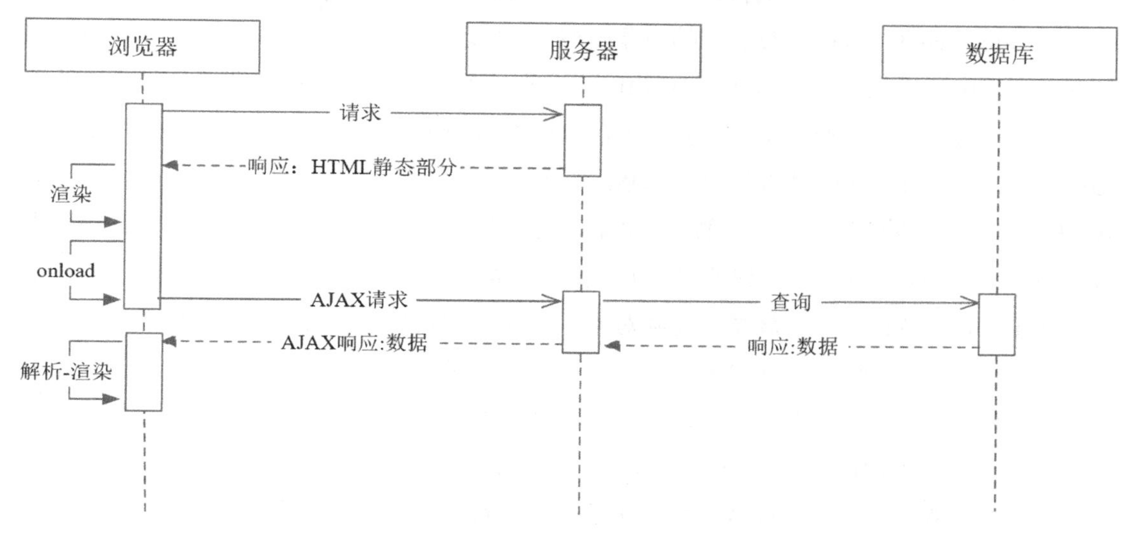


图2-4 CSR的大致工作流程

相对于SSR，CSR的劣势在于首屏渲染速度慢和弱SEO。服务器的硬件配置通常优于个人终端设备，同时搭配模板引擎的缓存功能，SSR在速度上的优势要远远大于CSR。然而随着个人终端设备硬件性能的不断提升，CSR与SSR在速度上的差距逐渐减小，网络传输速度和浏览器性能的提升也进一步缩短了CSR被一直诟病的首屏等待时间。CSR的优势在于能够更好地支持离线场景和前后端分离[1]方案的实施。此外，随着React、Vue、Angular等框架的普及，对于存在大量动态渲染场景的产品来说，CSR的优势更加明显。

如果抛开弱SEO的问题，CSR在大多数场景下可以取代甚至优于SSR，尤其是在移动为先、SPA模式大行其道的市场背景下。Virtual DOM可以保障动态渲染良好的性能；基于组件的前端路由管理不论是从速度还是灵活性上都优于依赖服务器路由驱动的MVC模式。Google近期推出的PWA[2]概念更是需要大量使用CSR。总体来说，CSR能够令Web网站更接近于WebApp而非WebPage。

1 本书将在第5章详细阐述前后端分离的相关理论知识和实践方案。

2 PWA，即Progressive Web Apps——渐进式Web应用的概念于2015年由设计师Frances Berriman提出。

### Virtual DOM

HTML是结构化的文本文档，每一个元素（element）对应HTML中的一段结构化文本，DOM（Document Object Model，文档对象模型）可以理解为这段结构化文本的抽象。DOM储存于内存中，提供了操作和修改HTML元素的一系列API。DOM操作是前端开发的核心，最早流行的一些前端框架、工具库大都以优秀的DOM操作闻名，比如prototype.js和jQuery.js。与JavaScript逻辑相比，DOM操作的性能消耗非常高，在以静态内容为主的WebPage时代，少量DOM操作的性能损耗基本可以忽略不计。然而对于存在丰富动态内容的WebApp而言，大量、频繁的DOM操作逐渐成为性能瓶颈。Virtual DOM技术的核心是创建DOM对象的一个“轻量级克隆对象”，即虚拟DOM，所有的虚拟DOM组成一个与HTML元素一一对应的虚拟DOM树。虚拟DOM拥有原始DOM除了操作HTML元素的API以外的所有属性。对于JavaScript而言，虚拟DOM仅仅是一个拥有丰富属性的对象，所有针对DOM的操作被映射为对JavaScript对象的修改，性能上自然大幅优于直接对DOM的操作。在接收到动态数据或者用户操作指令后，React、Vue会在内存中将虚拟DOM树“全量更新”，对比检测出受影响的对象，随后对这些对象所对应的真实DOM进行相应修改。之所以采用全量更新策略并且能够保障对比性能，得益于React、Vue高效的diff算法。

> React、Vue采用的diff算法非常复杂，本书的意图并非是详解Virtual DOM及其diff算法细节，所以在此不会展开介绍，感兴趣的读者请自行查阅相关资料。

### 预渲染

用户从输入网站地址按下回车键到能够看到浏览器中有内容输出，这段时间被称为首页的白屏时间。除去DNS查找、TCP握手等开发者无法干预的浏览器前期工作以外，白屏时间的计时起点为浏览器接收到第一个HTTP响应字节，计时终点为HTML文档开始解析。之所以SSR的白屏时间相对较短，是因为HTML文档的HTTP请求响应内容有真实的内容，渲染即可见。而由于浏览器解析<script>标签的策略，CSR的白屏时间还需要计入JavaScript脚本的加载、解析时间以及异步HTTP请求和响应的时间，在这些逻辑完成之前，用户看到的是一个空白的加载页面。在较差的网络环境下，白屏时间对用户耐心的消耗会被转变为对用户留存度的挑战，进而间接影响产品的市场竞争力，这是CSR除了弱SEO以外被诟病的另一个核心问题。

从这个角度出发，业内普遍的一种解决方案是在真实数据被渲染之前，预先渲染出如图 2-5 所示的页面“骨架”来取代空白的加载页面，让用户能够优先得到视觉上的反馈，从而在一定程度上减少对用户耐心的消耗。

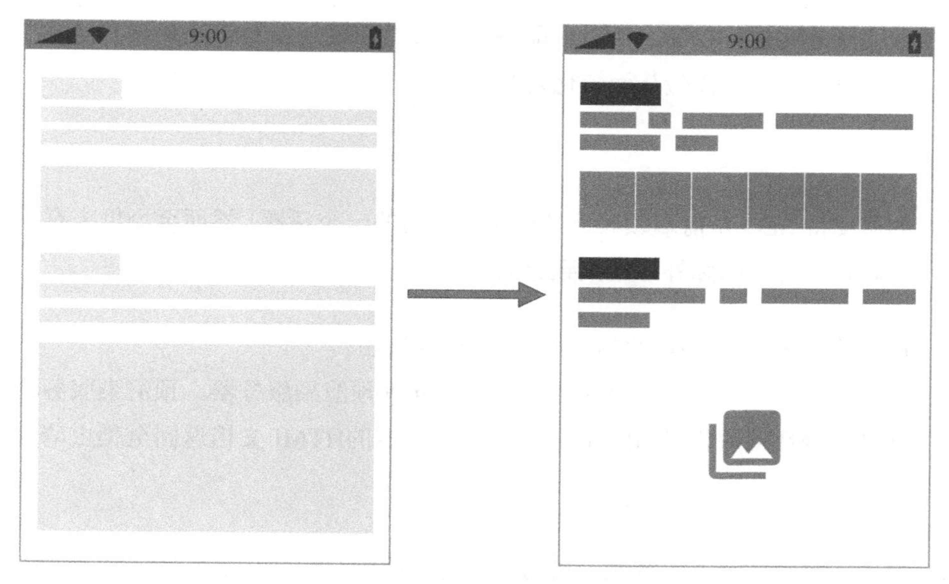


图2-5　预渲染页面“骨架”

在开发阶段按照真实页面的布局在 index.html 中预先写入静态内容，即为“骨架”页面。如图 2-5 所示，左侧是“骨架”页面，右侧是真实内容，两者从整体布局上保持一致。用户首先看到的是静态的“骨架”页面，在 JavaScript 异步请求处理完成之后，再以真实的 DOM 替换“骨架”内容，预渲染整体流程如图 2-6 所示。

图2-6　预渲染整体流程

预渲染与其说是技术上的革新，不如说是交互设计上的优化。从技术角度来看，预渲染并没有任何难度，但是从工程角度来看其却是一项非常消耗人力且短时间内没有合适工具可承担的工作。“骨架”页面的整体布局必须与真实页面保持一致，这意味着：

- 每个布局不同的页面均需要搭配一个单独的“骨架”页面。
- 一旦页面布局被调整，“骨架”页面的布局也需要被同步调整。

无论是技术、工程还是设计，核心的出发点始终是用户，很多时候，可以说大部分时间都需要在三者之间进行权衡。所以，即便预渲染“骨架”页面的方案与工程思维略有偏离，但只要能够提升用户体验从而转化为产品收益，这便是优秀的方案。

### SEO

SPA 如何支持 SEO 是前端领域近几年比较热门的一个话题，然而至今仍未有完美的解决方案产生。目前普遍的弥补方案大致分为两类：

- 构建阶段预渲染 SPA 的静态内容至 index.html。
- 服务器判断请求来源，将爬虫请求重定向到预渲染服务器。预渲染服务器通过仿真浏览器环境解析 [1]index.html，并将解析后的HTML文档返回至爬虫请求源，如图 2-7 所示。

第一种方案提到的静态内容预渲染与前面的“骨架”预渲染并不相同，“骨架”仅仅是没有任何实体内容的占位UI，是一种从设计角度提升用户体验的优化方法；而预渲染静态内容指的是在构建阶段将SPA中与用户无关的内容提前解析为HTML字符串并添加至index.html，这部分内容通常称为静态内容。目前市面上主流的构建工具都提供预渲染功能，比如Webpack[2]。这种方案的优点是实施成本较低，不涉及服务端开发。但其本质上与“首页SSR，动态内容AJAX”的模式大同小异，所以应用面非常窄。对于存在大量路由和动态数据的SPA项目而言，其对SEO的提升微乎其微。

1 在 Headless Chrome 发布之前，普遍采用 PhantomJS 作为预渲染工具。

2 参见链接 5。

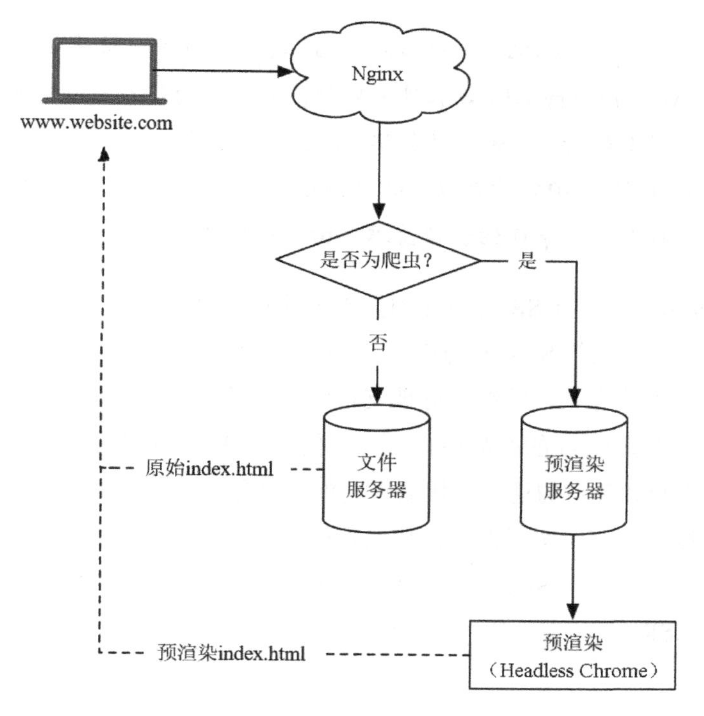


图2-7 重定向预渲染服务流程

第二种方案对于真实用户而言是CSR，对于爬虫程序而言是SSR，只不过是由仿真浏览器环境替代了模板引擎。这种方案的优点是能够将完整的HTML文档提供给爬虫程序，实现可以媲美SSR的SEO支持。但是其部署成本非常昂贵，不仅需要额外的开发工作，还需要硬件设备支持。当然也可以使用第三方提供的云服务，比如prerender.io[1]。更好的做法是在构建阶段将SPA各页面提前解析并存放于预渲染服务器中，在接收到用户请求之后即可立即返回数据。此外，若要完全发挥此方案的优势，SPA的路由管理必须使用HTML5 History模式而非Hash模式，并且需要服务器支持。所以对于一些需要兼容低版本浏览器的SPA项目来说，这种方案的性价比并不高。

> 前端路由 History 模式使用的是 URL 的真实路径（path），Hash 模式使用的是 URL 的片段标识符（fragment identifier），该标识符也被称为 hash 参数。片段标识符本身的

1 prerender.io 是一家提供预渲染云服务的供应商，支持 React、Angular、Vue 等前端框架。

> 语义是主文档的一个片段标记，并非路由标记。其之所以目前被前端路由广泛使用，一方面是因为 HTML5 history API 兼容性不理想；另一方面是因为浏览器在 URL hash 改变后不会向服务器发起请求，无须服务端支持，实施成本低。而正是由于这种机制，第二种方案并不会接收到 SPA 首页以外的页面请求，从而无法给爬虫程序提供完整的子页面数据。本书将在第 5 章详细讲解前端路由两种模式的区别和实施方案。

总体而言，SSR 相对于 CSR 有更深的技术沉淀和相对完善的产业生态；CSR 随着前端技术的横向延伸有逐步取代 SSR 的趋势。对于特定的产品类型（如混合应用、小程序等），CSR 是相对较优的解决方案，能够更好地支持前后端开发的解耦和分离部署，降低人力和时间成本。而对于依赖 SEO 的产品而言，如果使用 CSR 同时兼顾 SEO 则需要大量额外的工作和成本。基于两者各自的现状和优缺点，重新思考 HTML 渲染方案的选型，其实并不是非此即彼、非黑即白，现实工作中往往要根据业务特征混合使用两者。比如，资讯类网站的首页、内容详情等需要 SEO 的页面使用 SSR；而用户中心、管理后台等无须 SEO 的页面则可以使用 CSR。

## 2.2 CSS

CSS是一门非常简单同时也非常难的“编程语言”。CSS上手非常容易，它就像是HTML的“配置选项”，新手参照手册即可很迅速地“配置”出不错的UI效果，这也是造成前端岗位被普遍认为门槛低的原因之一。但是CSS几乎缺乏编程语言必须具备的所有要素：没有变量、没有命名空间[1]、缺乏计算能力等。事实上，CSS本来也不是一门编程语言，最起码不是高级编程语言。[2]W3C对CSS的定义是“一种用于描述HTML文档表现形式的计算机语言”，其全称为Cascading Style Sheets，级联样式表。名字中的“Cascading”正是其精华也是难点所在，一个CSS属性的最终表现形式除了自身的取值以外，往往还依赖其对应元素自身的样式以及其他CSS属性和祖先元素的CSS属性。这种错综复杂的组合关系可以产生各

1 CSS 虽然具备@namespace 规则，但此 namespace 非彼 namespace。CSS 中的@namespace 的作用是声明对应的 XML 版本，而编程语言中的 namespace 是一种模块化声明，两者并不相同。

2 业内对于 CSS 是否应该被定位为编程语言存在一定的分歧，本书倾向于认为 CSS 并不属于编程语言。当然，这只是作者的个人倾向，并且此观点并不会影响本书所论述的内容。

种缤纷绚丽的视觉效果，但同时也造成了CSS无规律可循、实现方案多样、难以复用等问题，令开发者叫苦不迭。

### 高容错

CSS 并没有任何错误报告机制，不论属性名称错误还是赋值错误，浏览器在解析 CSS 代码时只会忽略错误的 CSS 代码，并不会抛出任何可见的错误和异常报告。

### 组合性

CSS 的组合性体现在两个方面：

- 元素自身属性的组合
- 与祖先元素属性的组合

定位是一个可以体现上述两个方面的经典例子。只有 position 为非 static 时 top/bottom/left/right 的值才生效，并且 left 和 right 的优先级还取决于 direction 的值（值为 ltr 时，left 的优先级高于 right，值为 rtl 时反之），这体现了元素自身属性的组合。在默认的情况下，元素的 position 取值为 fixed 时会脱离文档流，以可视窗口为参考计算定位，但是如果存在 transform 不为 none 的祖先元素，则会打破这种局面，这便是与祖先元素属性的组合效果。

### 全局性

CSS 规则并非针对某一个或者某些元素，而是应用于符合 CSS 选择器规则的所有元素。这个表述有些拗口，我们可以通过对比常规编程语言的机制来辅助理解。比如在 JavaScript 中，如果要针对某个对象的某个属性进行计算，通常的做法是先找到这个对象，然后检查其是否存在这个属性，若存在则将计算规则应用于此属性；若不存在则终止。这是一个不可逆的流程，除非添加了监听逻辑，否则即便此后为对象新增了这个属性也不会再次计算。而在 CSS 的规则下，假如我的本意是为现有版本 HTML 文档中 class 为 name 的 input 元素添加一条 1 像素的描边，如代码 2-1 所示：

**代码 2-1**

```
.name{
```

```
  border: solid 1px #000000;
}
```

但是在后续迭代中，HTML文档中新增了若干个class为name的div和table元素，你会发现这些元素同样被添加了描边。我们不妨将这种特性称为CSS规则的全局性[1]，即不论元素的顺序、位置、类型，只要其与选择器规则匹配都会应用相同的样式。下面用一个现实生活中的通俗案例举例，某城市地铁进站的安检程序有这样一条规则：携带饮用水的乘客需要亲自喝一口以证明是非违禁品。在编程语言规则下，如果乘客没有携带饮用水，并且通过安检之后在站内的自动售货机购买了一瓶水则无须再次检查；而在CSS规则下，即便是刚买的水也需要再喝一口验明清白。全局性是一把双刃剑，倘若新增元素与已存元素的样式一致，则可以直接复用，否则必须时刻“提防”新样式受到已存样式的影响。如果项目历史悠久、缺乏规范、交接频繁，这类问题就会像堆积木一样越来越多，从而出现大量如代码 2-2 所示的“补丁代码”。只有开发者自己才知道隐藏在漂亮UI背后的CSS代码是多么臃肿和丑陋。

**代码 2-2**

```
.name{
  border: solid 1px #ffffff !important;
}
```

### 兼容性

CSS 的浏览器兼容性是令前端开发者最头疼的问题之一，也是许多 CSS 新特性难以被广泛使用的症结。早些年，前端开发者最不想听到的一句话是“兼容 IE6”，虽然声名狼藉的低版本 IE 逐渐退出了历史舞台，但智能移动设备系统和版本的碎片化、糟糕的 WebView，还有有着“现代 IE6”之称的 Safari 浏览器，造成时至今日兼容性仍然是 CSS 领域最热门的话题之一。近几年，JavaScript 像是乘上了火箭一般飞速发展，并且在前端、后端、原生应用等领域多面开花，然而 CSS 却像沼泽中的步兵一样举步维艰。

---

1　行内样式不具备全局性。

CSS的兼容性主要归咎于浏览器厂商之间的争斗，这场没有硝烟的战争产生了“深远”的影响。各浏览器对CSS规范的支持程度不一、实现方案多样，熟悉各浏览器的CSS前缀以及支持的属性成为对前端工程师最基本的要求。比如，Firefox浏览器不支持zoom属性 [1]，实现缩放效果需要进行代码 2-3 所示的特殊处理：

**代码 2–3**

```
.box{
  zoom: 0.5;
  -moz-transform: scale(0.5);
  -moz-transform-origin: center;
}
```

大量兼容性的代码令 CSS 文件越来越臃肿、冗余，不仅增加了自身的开发和维护难度，也拖累了 Web 应用的性能。

## 2.2.1　从编程语言的角度思考 CSS

前面提到的CSS的 4 种特性均是浏览器渲染引擎的解析规则，开发者无法干预，但是在开发或构建阶段借助合理的框架、工具可以在一定程度上提高CSS的开发和维护效率。目前几乎所有的框架、工具甚至开发规范均试图将常规编程语言的模式和方法论应用于CSS领域。虽然严格意义上CSS并非编程语言，但这并不妨碍我们从编程语言的角度去思考它，并以此改进CSS的开发模式。[2]

**逻辑处理**

在讨论逻辑性之前需要首先理解CSS的无状态性。当HTML元素的一系列属性、子元素（伪元素）和状态（伪类）符合CSS匹配器规则时，其会被应用指定的样式，而CSS规则本

1　zoom 属性最初由微软应用于 IE 浏览器，其并非 CSS 规范的一部分，然而却在现实中被大量使用。本书并不建议在生产环境下使用它，此处以这个例子为辅助意在加深读者关于浏览器对 CSS 实现不一致论述的理解。

2　请注意，此处表述的是改进 CSS 的开发模式，而非 CSS 本身。

身是无状态的。[1]比如，存在如图 2-8 所示的列表和如代码 2-4 所示的CSS规则：

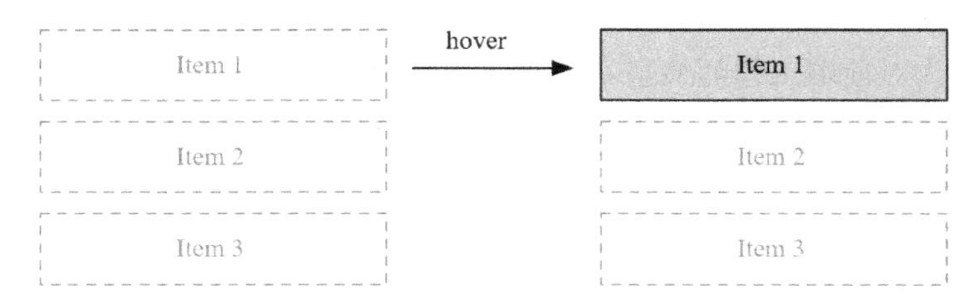


图2-8　示例：hover视觉转变

**代码 2-4**

```
.item{
  color: #999999;
  border: dashed 1px #999999;
}
.item:hover{
  color: #000000;
  background-color: #cccccc;
  border-style: solid;
  border-color: #000000;
}
```

无操作时列表 item 仅符合第一条 CSS 匹配器规则；鼠标移至第一个 item 元素上方时，浏览器将此元素设置为 hover 状态，与第二条 CSS 匹配器规则匹配，从而表现出两条规则组合后的视觉效果，完整流程如图 2-9 所示。在这个过程中，hover 状态是施加于 item 元素（更严谨的说法应该是 item 元素对应的 DOM 对象）而非 CSS 的。

之所以讨论 CSS 的无状态性是为了说明 CSS 无法实现类似 if-else 的逻辑。除此之外，CSS 不支持变量、类型、函数等实现逻辑处理的必备要素，以致不仅 CSS 的解析规则令人困惑，同时其开发和维护也非常困难。所以，支持逻辑处理成为众多 CSS 框架和工具改进 CSS 开发模式的一个主要方向。

---

1　伪类并非 CSS 的状态，而是其对应 HTML 元素的状态，CSS 仅仅标记了当 HTML 元素处于某种伪类对应状态时的样式规则。此外，伪类与伪元素并非同一概念，请注意区分。

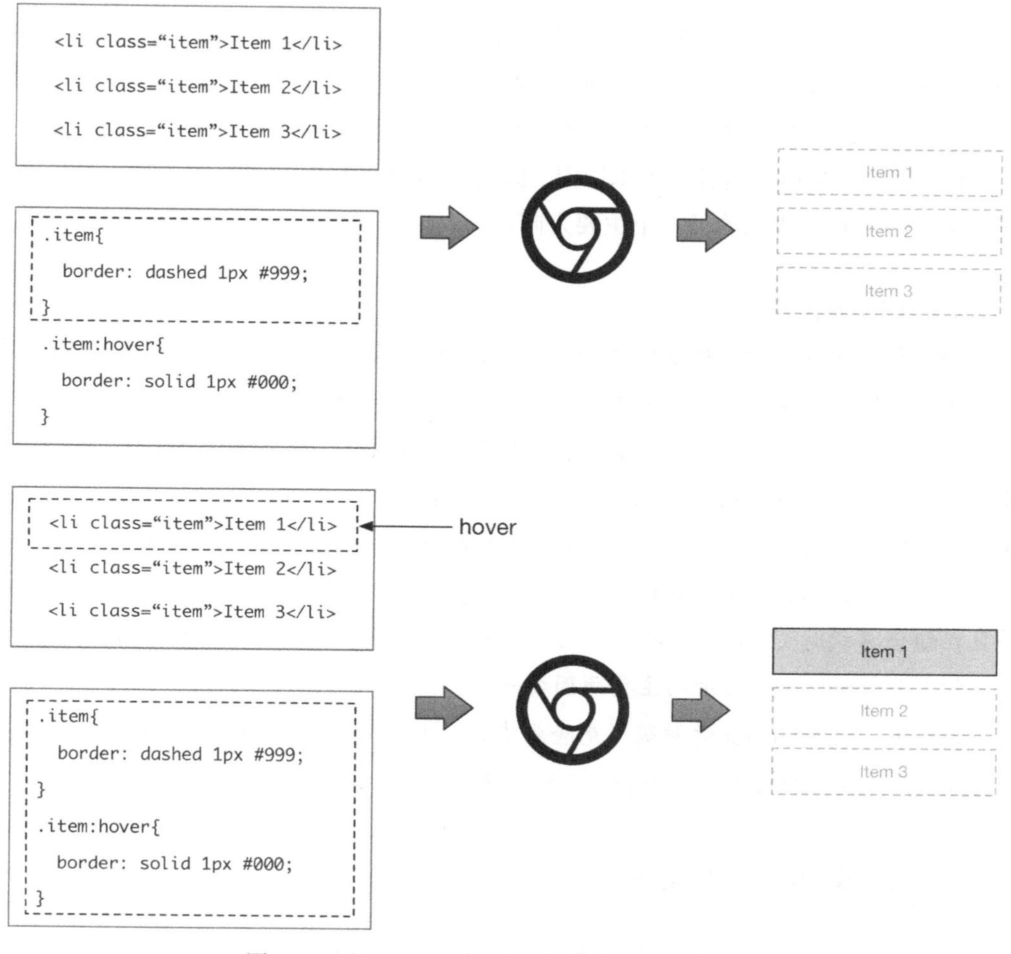


图2-9 示例：hover状态CSS与视觉转变完整流程

### 高复用性

对于历史悠久且缺乏规范的大型项目而言，动辄几百上千行的 CSS 代码混杂在同一个文件中。如果没有详细的文档说明，在迭代过程中确定新增 UI 是否可复用已存样式的一般流程是：人力寻找网页中是否存在相同或类似的 UI 组件，然后通过浏览器开发者工具查看此组件的 CSS 代码。而由于 CSS 的组合性和全局性，此组件的样式很有可能是多个 class、id、自定义属性，甚至是一系列“补丁代码”的综合效果。另外，如果 Web 产品的某个功能或子页面过期需要删除冗余代码和文件，这种“all in one”的 CSS 代码的清理工作几乎是不可能完成的任务。这导致随着时间的推移和版本的迭代，CSS 代码越来越臃肿、冗余，直至达到令人难以容忍的极限才会被彻底重构。而且即便是重构，JavaScript 和 HTML 的重构难度也要远远低于 CSS。这些问题在一定程度上固然要归咎于开发规范的缺乏，然而 CSS 的低复用性才是引起问题的根本原因。提高 CSS 的可复用性成为除加强其逻辑处理能力之外改进 CSS 开发模式的另一个主要方向。

> **CSS 的@import**
>
> CSS 在第一版的标准规范中便加入了@import 功能，各浏览器对该功能的支持度也非常理想，但是时至今日其也并未被大规模使用，在生产环境中几乎看不见它的身影。很多 CSS 开发框架和工具使用相同的关键字实现模块化，语法也非常相近，但本质是开发阶段源码的一种静态模块机制，与原生@import 并不相同。CSS 原生@import 可以在生产环境中使用，但是机制非常奇特：@import 语句必须在除@chartset 以外的所有 CSS 代码之前声明，但被引用的 CSS 文件却是在引用它的主文件加载完成之后加载的，并且在组合样式时 CSS 文件的优先级低于主文件中的同名样式。这种逻辑混乱的机制很可能是@import 不被接纳的主要原因之一。
>
> 读者可以将其GitHub的源码[1]克隆到本地，通过浏览器开发者工具查看CSS原生@import所引用文件的加载顺序和优先级规则。

## 2.2.2 LESS 和 PostCSS

CSS预处理（preprocessor）是目前被应用最广泛的CSS开发模式之一，其也在一定程度上对CSS标准的演进产生了积极的推进作用。LESS是目前流行的CSS预处理语言之一。其实与其称LESS为一门“CSS预处理语言”，不如将其视为一个具备特殊语法规范、可编译为CSS的“开发框架”更为合适。与之类似的有CoffeeScript[2]。LESS弥补了CSS逻辑处理和复用性方面的不足，引入了变量、混合（mixins）、模块、继承等特性，同时支持更易于编写和维护的嵌套语法，其从细节和整体上提升了CSS的开发和维护效率。

1 参见链接 6。

2 CoffeeScript 是一种语法优于 JavaScript 并且可以编译为 JavaScript 的语言。

CSS 预处理语言是革命性的，然而与很多优秀的框架和工具一样，均难以避免被历史淘汰，jQuery 如此，CoffeeScript 如此，LESS 同样如此。以当前时间节点的技术视角来看，CSS 预处理虽然是一项非常成熟的开发模式，但仍然存在一些致命缺陷，如下所述。

- 大而全。一旦选择使用 CSS 预处理语言，则必须接受它的所有规范和功能。CSS 并非 JavaScript，它的逻辑非常简单。大型复杂项目的 CSS 开发可能会涉及作用域、判断、查找等较深入的功能，然而大多数项目只需要变量、混合、模块等便足以支撑，其余的功能便成为冗余。之所以“大而全”是一种缺陷，并非在于冗余的功能“碍眼”，而是代码规范难以约束。比如，团队制定的 LESS 代码规范不允许使用继承，倘若团队中的某个开发者未遵循此规范，并且团队缺乏严谨的代码审查制度，不规范的代码将越积越多。
- 难扩展。CSS预处理语言属于编译型语言[1]，需要一个与之配套的编译器将源码编译为CSS代码，虽然大多数编译器的代码开源，但只有极少数编译器支持开发者扩展自定义插件，即便支持扩展也是后续版本追加的选项，核心架构过于封闭，缺少插件生态。

与 LESS、SASS 等日渐式微的 CSS 预处理语言相比，PostCSS 这名后起之秀成为目前较流行的 CSS 编译工具。

PostCSS起源于Rework[2]的Autoprefixer插件[3]，但是Autoprefixer的演进速度超出了Rework项目组的预期，这时在其基础之上开发的PostCSS便诞生了。PostCSS最初被开发组定位为“CSS后处理器（post-processor)”，这个称呼引起了很大的争议，最终开发组纠正[4]了这个错误，将其称为“CSS转化工具（tool for transforming CSS)”。

> PostCSS 最初被称为“后处理器”，一方面是因为开发组希望与 LESS、SASS 等 CSS 预编译器进行区分；另一方面是因为其最初也是流行的插件 Autoprefixer 的“后处理”

1 编译型语言指的是需要经过编译过程才可运行的编程语言，比如 C/C++。与之对应的是解释型语言，即无须编译即可运行的编程语言，比如 JavaScript、Python 等。

2 Rework 是一个 Node.js 环境中的 CSS 编译器，详情可参见链接 7。

3 最初名为 rework-vendors，后被重命名为 Autoprefixer。

4 参见链接 8。

> 理念。简单来说，虽然 PostCSS 最初的定位是后处理器，但是其后续的演进并未被束缚在后处理器的狭义范畴，而是逐渐进化成一个全面的 CSS 转化工具。作者的另一本书《前端工程化：体系设计与实践》中也将其称为“CSS 后处理器”。

PostCSS 的内核并不会对 CSS 做任何转化，而是将原始的 CSS 代码转化为抽象语法树（Abstract Syntax Tree，简称 AST）并传递给各个插件，插件根据用户的配置对 AST 进行处理后还原为最终的 CSS 代码，如图 2-10 所示。换句话说，你想对 CSS 做哪些处理并不取决于 PostCSS 本身，而是取决于使用了哪些插件。“内核轻量化，功能插件化”的微内核架构令 PostCSS 具有高度的可定制性和可扩展性，减少了冗余功能，更利于开发团队制定统一的技术规范和构建流程。

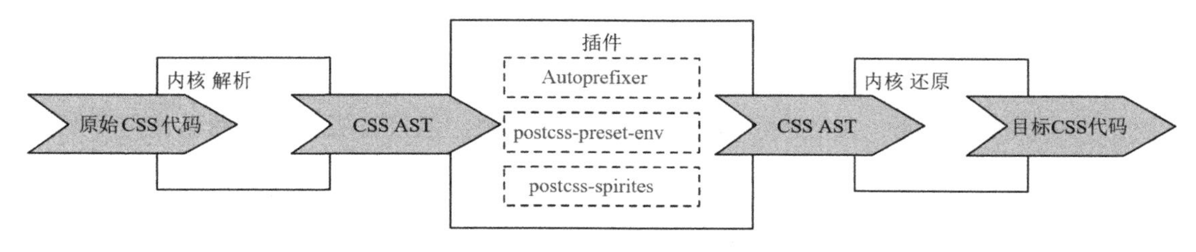


图2-10　PostCSS的工作流程

其实从目前的时间节点来看，CSS预编译的改革意义要远甚于PostCSS，嵌套语法、混合、模块等概念对CSS开发模式的影响是革命性的，PostCSS的很多插件也或多或少地借鉴了CSS预编译的一些概念和模式。而PostCSS的意义在于它丰富了CSS工具生态，为进一步实现工程化提供了更多的可能性，比如Autoprefixer取代了通过手写混合代码来实现兼容，从而解放了生产力；CSSNext实现了“Use tomorrow’s CSS syntax, today”[1]；postcss-spirites解决了多年来困扰开发者的spirite图片难以维护的问题等。

## 2.2.3　CSS-in-JS

在JavaScript中编写CSS代码并不是新鲜的概念，jQuery早期版本便提供了相关API[2]。而此处将要讨论的CSS-in-JS是一种全新的模式，是继HTML-in-JS之后对All-in-JS开发模式的补充。

1　引自 CSSNext 的标语，参见链接 9。

2　jQuery 1.0 版本加入了$.css()方法。

同HTML-in-JS一样，CSS-in-JS的核心不同于jQuery简单地在JavaScript中编写CSS代码，而是利用JavaScript的语言特性和技术生态在一定程度上弥补CSS开发模式的不足。

### 模块

原生 CSS 和 SASS、LESS 的模块实质上仅仅是子文件，并非真正意义上的模块。而 JavaScript 中的模块，不论是 CommonJS、AMD 还是 ES6 Modules，均具备独立的命名空间和局部作用域。模块对于编程的意义在于封装和解耦，是实现组件化必不可少的因素。将 JavaScript 的模块体系带入 CSS 开发领域可以有效地弥补 CSS 模块体系的不足，这正是 CSS-in-JS 的核心出发点之一。

### 命名空间

依前面所述，CSS 并没有作用域的概念（准确地说只有一个全局作用域），与选择器匹配的所有元素均被应用对应的样式规则。CSS-in-JS 在编译时（也有些框架是在运行时）为组件产生唯一的 classname 以及对应的选择器规则，将组件及其内部元素的样式限制在唯一的命名空间内，从而实现样式的隔离，如代码 2-5 所示的 JavaScript 代码（使用 JSS 框架）经编译后成为如代码 2-6 所示的 HTML 文档。虽然这种模拟方案并非严格意义上的局部作用域，但也能够在一定程度上弥补 CSS 在此方面的不足。

**代码 2-5**

```
const styles = {
  title: {
    font: {
      size: 40,
      weight: 900
    }
  }
};
const { classes } = jss.createStyleSheet(styles).attach();
document.body.innerHTML = `
  <div>
  <h1 class="${classes.title}">Hello World!</h1>
```

```
  </div>
`;
```

**代码 2-6**

```
<head>
  <style type="text/css">
  .title-0-1 {
    font-size: 40px;
    font-weight: 900;
  }
  </style>
</head>
<body>
  <div>
    <h1 class="title-0-1">Hello World!</h1>
  </div>
</body>
```

### 动态性

CSS-in-JS最令人兴奋的功能之一是样式规则与JavaScript逻辑的互操作性[1]。在其与React、Vue等框架配合使用时，将样式规则与组件的Props或者States绑定，当组件的动态数据改变时样式也可以被同步改变。这种动态性能够令组件实现高度的可定制性，同时避免了过度冗余的CSS代码。

除以上三点外，CSS-in-JS 还能够在一定程度上减少无效的代码（Dead Code），更利于单元测试等。

CSS-in-JS 确实为 CSS 开发带来了一些行之有效的模式，非常适用于组件化架构，但在决定使用它之前仍需要考虑一些难以避免的缺陷。上面提到的 CSS-in-JS 诸多优点的副作用是，其在一定程度上限制了代码的可移植性，同时昂贵的学习成本和额外的工具引入

1　软件的互操作性（Interoperability，又称协同性/互用性）指的是不同组件/系统之间的协同工作能力。

也是开发团队需要重点考虑的问题。此外，All-in-JS 模式目前仍存在争议，在编程过程中需要于 HTML、CSS、JavaScript 三种上下文语境之间频繁切换，这在某种意义上背离了关注点分离原则。

## 2.2.4 Houdini

虽然浏览器的实现程度与ECMAScript规范仍然有很大差距，但是ES6 甚至更新的ECMAScript特性已经被广泛应用在JavaScript开发领域，实现的方式要么在构建阶段使用Babel等转译工具将ES6 语法转化为ES5，要么在运行时引入额外的polyfill[1]。第一种方式与CSS预编译的理念相同，将ES6 编写的JavaScript视为编译型语言；第二种方式则在运行时改变了ES6 语法的解析规则。而CSS预编译和CSS-in-JS的核心均围绕着提高CSS的可编程能力、复用性、消除冗余等，通过开发模式和逻辑架构的改进将这些问题在开发阶段解决，而并未对运行时的CSS做任何改变，浏览器未实现的CSS未来语法和特性仍然无法使用。[2]JavaScript可以使用polyfill得益于它是一种动态语言，可以“解释自己”，CSS却没有这种功能。然而JavaScript polyfill的思想却启发了各浏览器的开发者，由来自Apple、Mozilla、Google等浏览器厂商的工程师成立了专项小组，力图实现“CSS polyfill”——Houdini。

对于前端开发者来说，浏览器的解析和渲染是绝对封闭的，即便了解它的工作流程也没有任何可介入的能力。Houdini的思想是将浏览器CSS引擎的部分功能权限开放给开发者，以便开发者扩展和自定义CSS特性。目前处于草稿[3]阶段的部分Houdini特性包括如下几项。

- CSS 属性/值 API：可供开发者自定义或扩展已存在的 CSS 属性/值。
- CSS Typed OM：类比 HTML 元素可被转化为供 JavaScript 访问和操作的 DOM，CSS Typed OM 可以理解为供 JavaScript 访问和操作的 CSSOM（CSS Object Model）。
- CSS Layout API：可供开发者自定义 display 布局模式。

---

1 polyfill 可以理解为在浏览器解析 JavaScript 之前的“预解析层”，polyfill 消除了浏览器之间的差异性，从而可以运行纯净的原生 JavaScript 语法。这个单词的中文翻译并不直观，本书后续将直接使用英文单词。

2 借助 cssnext 可以在开发阶段使用部分 CSS 的未来特性，然而 cssnext 的理念与 Babel 类似，均是在构建阶段将这些特性转化为当前可用的低版本语法。

3 参见链接 10。

- Worklets：类似于Web Worker[1]的独立线程脚本，可介入渲染阶段的逻辑。

除了以上特性之外，自定义字体规范、CSS语法扩展、滚动条扩展等API均被加入Houdini规范草案中。虽然目前这些特性尚未被确立为标准，何时能够在生产环境中使用也尚未可知，但可以看出Houdini工作组庞大的野心，对比各浏览器以十年计[2]的CSS规范实现速度而言，Houdini更值得期待。

**为什么各浏览器厂商宁愿推出全新的 Houdini 也不实现 CSS 的标准规范**

回顾近几年各浏览器的版本迭代内容可以大致看出，厂商们的侧重点偏向于对HTML5 的支持，甚至超越了对 ECMAScript 新特性的支持程度。HTML5 的诸多新特性可以丰富网站的功能，网站前端的核心竞争力从以前的视觉表现力逐渐过渡为功能丰富性，能够更全面地支撑这些功能便成了浏览器的竞争核心。对比之下，CSS 的优先级自然相对较低。另外，CSS 工作组确立了持续迭代（即频繁推出小版本）的策略，对 CSS 规范的实现必然是一个非常漫长且需要持续跟进的过程，而 Houdini 则是一个“一劳永逸”的方案。其实从 Houdini 草案可以看出浏览器厂商的真实意图：将 CSS 规范的实现交给开发者。这不仅减轻了浏览器厂商的工作压力，同时也能够丰富 CSS 生态，甚至会在一定程度上推动 CSS 规范的演进。一石三鸟，何乐而不为。

## 2.3 JavaScript

无论是横向的“泛前端”还是纵向的“大前端”，JavaScript的重要性不言而喻。前端能够发展到今日的程度一大半功劳要归于JavaScript语言的推动。基于浏览器与JavaScript“捆绑销售”的现状，前端的编程语言选型显得过于单一。但是得益于JavaScript的灵活性，JavaScript有非常活跃的社区和完善的技术生态，从而前端开发者在进行技术选型时有丰富的框架、工具甚至规范可供参考。同样是因为灵活性，JavaScript引擎能够“帮忙”处理一

1 Web Worker 是一个独立于 JavaScript 主线程的后台线程脚本，本书第 6 章将详细讲述 Web Worker 应用于并行计算的方案。

2 flexbox 在 2009 年便被加入 CSS 规范草案中，但时至今日（2019 年），浏览器的实现程度仍然不甚理想。类似的案例比比皆是，“以十年计”并不夸张。

些烦琐的工作，比如类型转换。开发者可以不理会细枝末节而将精力集中在逻辑处理上，极大地提高了开发效率。但是细节上的疏忽很容易造成一些低级失误。根据海恩法则[1]的启示，细微之处的失误和未加预防隐患的积累往往是造成严重事故的根本。所以在进行复杂架构设计时需要谨慎处理JavaScript这把双刃剑，既要借助统一的规范、框架和工具对其灵活性加以约束，同时又不能矫枉过正。

编程风格是极具个人色彩的，尤其是使用 JavaScript 这种灵活的编程语言时则更加多样。编程风格没有好坏之分，但是多样的编程风格对团队和产品而言却是灾难性的，一个团队必须有统一的规范。JavaScript 的灵活性主要表现为两方面：语言本身的灵活性和实现方案的多样性。针对这两点，约束的途径有两种：

- 技术选型
- 代码规范

**技术选型**

统一的技术栈是基础，在此之上才能够进一步统一代码规范。技术栈又可以细分为底层技术栈和实现层技术栈。底层技术栈的出发点是“要解决什么问题”，实现层技术栈是在此基础上出于学习曲线、生态等因素的综合评定。比如针对一个复杂的 CMS 系统进行技术选型时，使用 TypeScript 或 Flow 为 JavaScript 编程加入静态类型属于底层技术栈，它们解决的是语言层面的问题；然后在 React/Vue/Angular 中选择一个框架同时搭配 Babel/Webpack 等工具则属于实现层技术栈。在 JavaScript 编程领域，静态类型（Static Types）和数据不可变性（Immutability）是目前对于底层技术栈要解决的两个主要问题。

**代码规范**

代码规范可以细分为代码风格和方案选择。代码风格可以理解为开发者编写代码的个人特色或习惯，类比为文学作品的文风，比如缩进用Tab还是空格、const常量大写还是小写、句尾用不用分号等。代码风格与逻辑无关，大都可以用ESLint等工具进行检测和校正。方

1 海恩法则（Heinrich's Law），是飞机涡轮机的发明者——德国人帕布斯·海恩提出的一个在航空界关于安全飞行的法则。海恩法则指出：每一起严重事故的背后，必然有 29 次轻微事故和 300 起未遂先兆以及 1000 起事故隐患。

案选择指的是如果一种逻辑可以用多种方案实现如何选择最合理的方案，典型的案例是JavaScript异步编程，是选择常规的回调函数还是Promise，在Promise基础上使用Generator还是async/await。在任何一种方案的基础上都可以通过合理地进行封装实现健壮的架构，比如Node.js的error-first回调函数模式。[1]借助Babel可以在源码开发阶段使用浏览器尚不支持的JavaScript未来特性和语法，从实现方案上有了更多的选择。所以可行性并非是决定方案选择的唯一标准，在此基础上还需要考虑可扩展性、代码易读性、可维护性等综合因素。实现方案代码的正确性和合理性无法完全使用工具检测，人工审查是必不可少的。

### 2.3.1　静态类型

JavaScript是一种动态类型语言，开发者在声明变量时无须指明变量的类型，JavaScript解释器根据变量的赋值判断其类型。程序员似乎更偏爱动态类型的编程语言，比如Python、Ruby等，Java 10 中也新增了var关键字[2]用于简化变量的声明。不可否认，动态类型能够很大程度地增强语言的灵活性和提高开发效率，对逻辑简单的轻量级项目有绝对积极的作用，然而在设计大型项目的架构时需要警惕动态类型的一些负面效应。

举一个比较典型的案例：JavaScript 中数字和字符串进行加法运算时，会首先将数字转换为字符串类型，然后将两个字符串进行拼接。假设存在如代码 2-7 所示的 addNumbers() 函数：

**代码 2-7**

```
function addNumbers(a, b){
  return a + b;
}
```

此函数的入参可以是任何类型的，有可能是数字、字符串，也有可能是对象或数组。根据参数类型的不同会得到不同的返回值。但是这个函数的初衷是只支持数字的加法运算，所以如果要提高这个函数的健壮性则需要在进行加法运算之前首先判断入参是否为数字。

---

1　Node.js 异步编程中传递给回调函数的第一个参数是错误对象，如果未发生错误则为 null。

2　参见链接 11。

不仅如此，在调用此函数的外部逻辑中还需要加入错误处理流程。这个案例仅仅涉及了 JavaScript 的基础类型，对于复杂的自定义数据结构（比如固定元素类型、固定容量的数组）的处理逻辑则更加烦琐。从中可以看出，虽然动态类型非常灵活，但如果要编写出健壮的逻辑则需要代码 2-8 所示的额外处理。

**代码 2-8**

```
function isNumber(val){
  if(isNaN(val)){
    return false;
  }
  return typeof val === 'number';
}
function addNumbers(a, b){
  if(!isNumber(a)||!isNumber(b)){
    throw new Error('参数错误');
  }
  return a + b;
}
```

由动态类型引起的 bug 对于前端应用来说并不在少数，甚至超过了逻辑上的 bug，而且这类 bug 大多数是在测试或者生产环境中暴露出来的，会对产品的稳定性造成很大的威胁。为 JavaScript 引入静态类型的目的便是将与类型有关的 bug 提前在编译阶段暴露出来，借助一些支持语法检测的 IDE 甚至在开发阶段便可以将隐患消除。比如此案例中的 addNumbers()函数，用 TypeScript 编写可以简化为代码 2-9 所示：

**代码 2-9**

```
function addNumbers(a:number, b:number):number{
  return a + b;
}
```

当传入非数字类型的参数时，TypeScript 编译器会报出错误。如果使用支持 TypeScript 语法检测的 IDE（比如 VSCode），那么在编写代码时便会出现错误的提示。

除了能够提前检测 bug 以外，静态类型还能够增强代码的语义性和易读性，以及在一定程度上简化逻辑，并且更利于单元测试。但是静态类型也并非全无坏处，上例中涉及的JavaScript 基础类型仅仅是静态类型体系中最初级的部分，除此之外还有枚举（Enum）、接口（Interface）、泛型（Generic）等。对于没有接触过静态类型编程语言的 JavaScript 开发者来说，需要很长的学习和适应时间，甚至很可能在初期写出的静态类型代码还不如动态类型代码健壮。

动态类型和静态类型的优缺点比较如表 2-1 所示。

**表 2-1　静态类型与动态类型的优缺点比较**

| | **动态类型** | **静态类型** |
|---|---|---|
| **优势** | 代码简洁<br>灵活 | 提前检测 bug 隐患，减少运行时 bug<br>增强代码的语义性和易读性<br>一定程度上简化逻辑<br>更利于单元测试 |
| **劣势** | 代码语义性和易读性稍逊<br>编写健壮代码的逻辑烦琐<br>与类型相关的 bug 不易察觉 | 代码稍显烦琐<br>灵活性低于动态类型<br>学习曲线陡峭，上手门槛高 |

### TypeScript&Flow

TypeScript 和 Flow 是目前较流行的两个 JavaScript 静态类型编程语言/工具。虽然此处将两者放在一起讨论，但两者的本质是完全不同的。TypeScript 是 JavaScript 的超集，是一种编译型编程语言，本质上与 CoffeeScript 是相同的；而 Flow 的官方定义是“a static type checker for JavaScript”，即 JavaScript 的一种静态类型检查工具。

作为一门语言，TypeScript 有独立的编程语言语境，所以与由原生 JavaScript 编写的第三方框架/库/模块存在融合性问题，往往需要额外的声明。但随着 TypeScript 版本的迭代以及越来越多的第三方框架/库/模块支持 TypeScript，这些问题正在被逐渐弱化。而 Flow 对于 JavaScript 来说只是一个工具，本质上仍然是在 JavaScript 语言的语境之下编程，所以不存在融合性问题。

从可移植性的角度考虑，工具的介入和迁移成本要远低于切换编程语言。从与框架相性的角度考虑，Angular本身就是用TypeScript开发的，自然与Flow的相性不如TypeScript；Flow是Facebook开发的，与自家React的融合度必然优于TypeScript。而Vue在立项之初由于并未考虑静态类型，所以与两者的融合度均不太理想，但相比之下，作为工具的Flow要稍好一些。从编译器的角度考虑，Flow通过特殊的注释可以决定哪些文件需要编译检测哪些文件不需要，可以很友好地支持历史代码的迁移；而TypeScript编译器会对所有文件都进行编译，未加类型声明的原生JavaScript语法也可以通过编译，是因为TypeScript编译器会对这些代码进行类型推论。[1]随着版本的迭代，两者在演化的过程中互相借鉴，目前除了语法上的差异[2]，两者在具体使用时并无太大区别。

## 2.3.2　不可变性

JavaScript 的函数参数的传递方式普遍认为有两种模式：值传参和“引用传参”。此处的“引用传参”之所以加引号是因为这是一种误解，事实上，JavaScript 函数的传参方式只有值传参。请看代码 2-10：

**代码 2-10**

```
function fn(a){
  a = 1;
}
let a = 0;
fn(0);
console.log(a); // 0
```

在调用函数 fn()时，将变量 a 的值传递给 fn()而非变量 a 本身，所以函数内部对 a 重新赋值之后并未影响外部的 a 变量。这是一个典型的值传参的案例。再看代码 2-11：

**代码 2-11**

```
function fn(obj){
  obj.a = 1;
}
let obj = {a:0};
fn(obj);
console.log(obj); // {a:1}
```

1　参见链接 12。

2　读者可参见链接 13 了解两者语法上的差异。

这个案例被很多开发者解读为“引用传参”，即在调用函数 fn()时将引用储存对象{a:0}内存地址的指针 obj 传递给 fn()，函数内部通过指针 obj 操作内存中对象的属性 a，从而外部的 obj 打印结果变成了{a:1}。这个解读的误区在于将外部的指针 obj 与函数内部的指针 obj 视为了同一个指针，所以两者被同步修改。而事实上，传给函数 fn()的参数并非外部 obj 指针本身，而是它的一个拷贝指针。可以通过代码 2-12 验证：

**代码 2–12**

```
function fn(obj){
  obj = {a:1};
}
let obj = {a:0};
fn(obj);
console.log(obj); // {a:0}
```

如果传给函数fn()的参数是外部指针obj本身，那么函数内部对obj重新赋值之后，外部obj应该被同步修改才对，但是打印结果表明并非如此。所以JavaScript中函数的传参方式只有一种，即值传参。其实值传参也是一种为了便于理解的叫法，JavaScript函数传参的方式更准确的术语叫作Call by sharing[1]（有些文章和书籍将其翻译为共享传参），Java、C#等编程语言也是这种传参方式。

之所以讨论 JavaScript 的传参方式是为了说明将一个变量作为参数传递给函数，运算后变量本身并没有被改变。这是JavaScript语言本身在某些方面具备不可变性（immutability）的一种佐证，也是为何要将不可变性施加于所有数据的基本依据。

JavaScript不可变性的兴起是从Redux[2]的流行开始的，在状态管理这种特定场景下，不可变性令数据可预测、可追踪，并且可以实现类似时光回流的效果。除了不可变性之外，Redux还采用了函数式编程，以致JavaScript社区对函数式编程这个“古老”的话题产生了热议。

---

1 参见链接 14。

2 参见链接 15。

> 数据的不可变性每次“改变”数据的操作等同于先复制原数据再改变其属性或值，表面看上去性能非常低，尤其是对象类型的数据。截至目前，不可变性仍然是一种探索性尝试。具体到应用层面，在不可变性这一基本原则之上通常还需要辅以性能优化的逻辑，比如immutable.js使用一种叫作structural sharing的数据共享方案，能够显著提高性能。感兴趣的读者可以参考这篇文章。[1]

**函数式编程**

函数式编程的历史远久于面向对象编程[2]，但是在JavaScript编程领域却一直未普及这种编程范式。一方面是由于JavaScript编程长久以来都是应对较简单的逻辑的，在近几年才开始规模化和系统化，开发者们才开始思考合理的编程范式；另一方面，函数式编程在某些思想上更接近数学，略显晦涩。JavaScript社区之所以开始讨论函数式编程的可行性，是因为JavaScript语言具备函数式编程最基本的要素：函数是一等公民，在此基础上才可以实现柯里化（Currying）、高阶函数（High Order Function）、函数组合（Functions Composition）等。函数式编程强调数据的不可变性，这是避免副作用的一项基本原则。在状态管理这种特定场景下，函数式编程与数据不可变性的结合非常适用，然而由于前端场景的复杂性和多样性，以目前的时间节点衡量，JavaScript完全使用函数式编程的可行性并不高。

> 函数式编程的完整理论非常烦琐，本书在此的意图也并非阐述函数式编程的优劣，感兴趣的读者可自行查阅相关资料。

### 2.3.3 异步编程

在深入 JavaScript 异步编程技术之前，有必要先对以下几个术语做简单解释：

- 调用栈（Call Stack）
- 堆（Heap）

---

1 参见链接16。

2 从20世纪70年代出现的Smalltalk语言被公认为是面向对象编程思想的基础，而函数式编程可以追溯到1958年诞生的Lisp语言。

- 任务队列（Task Queue）
- 事件循环（Event Loop）

调用栈是一种类数组的结构，用于跟踪函数的调用。假设存在代码 2-13 所示的函数调用逻辑：

**代码 2-13**

```
function bar(){}
function baz(){}
function foo(){
  bar();
  baz();
}
foo();
```

执行每个函数时，CPU 便会将储存此函数的内存地址 push 到调用栈中。CPU 有多种寄存器（register），与函数执行关系最紧密的两个寄存器是 ESP（Extended Stack Pointer，栈指针寄存器）用于储存调用栈的当前位置；EIP（Extended Instruction Pointer，指令寄存器）用于储存即将执行程序的内存地址。如图 2-11 展示的是在 foo()函数被调用之前三者的状态：

- ESP 标记调用栈的当前位置 0x10055。
- EIP 标记待执行程序，即调用 foo()函数的语句的内存地址 0x1000b。

CPU的计算是串行[1]的，当一个函数执行完毕后，执行上下文必须回到调用此函数的位置然后顺序往下执行。比如此例中bar()函数被执行之前，其内存地址 0x10002 被储存于EIP中，此时调用栈记录调用bar()函数的位置，即 0x10007，如图 2-12 所示；bar()函数执行完毕之后，EIP的储存内容更新为 0x10007，以便通知CPU从此位置继续顺序执行后续语句。

1　多核 CPU 可以实现整体的并行计算，但每个 CPU 本身仍然是串行的。

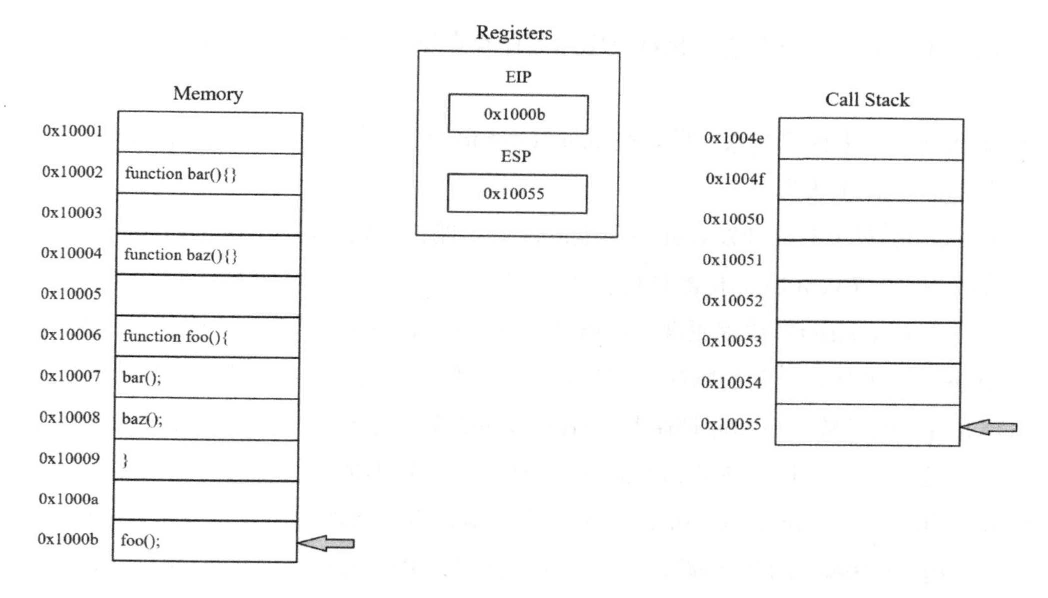


图2-11　示例：函数调用前的内存初始状态

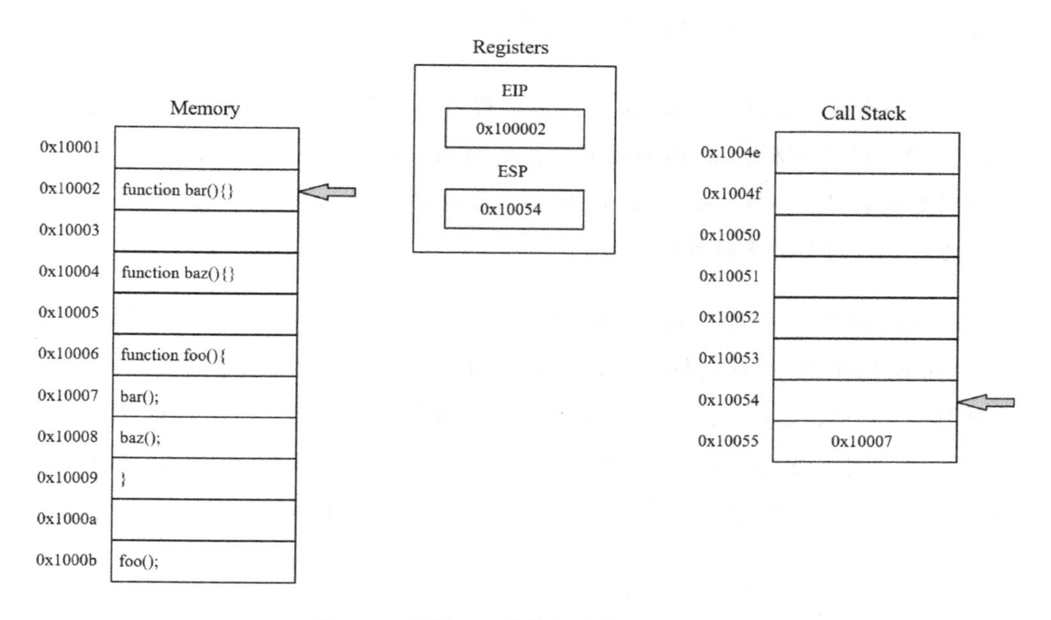


图2-12　示例：函数执行过程的内存状态

堆是一种无序的、散列的结构，用于储存对象。比如 JavaScript 使用 new 创建一个对象并将此对象赋值给一个变量，此对象实体被储存在堆中，变量是指向对象实体储存地址的指针。

任务队列相对来说更具象一些，在 JavaScript 语境下，任务队列是 JavaScript 引擎用于储存任务的一个有序队列。

Event Loop[1]对于前端开发者并不陌生，在上述理论基础上理解Event Loop的运行机制可以简单概括为：Event Loop检测调用栈为空闲状态时将回调函数加入任务队列中并执行。在此基础上对JavaScript单线程更准确的解读应该是：JavaScript只存在一个任务队列[2]，队列中的任务按照被加入队列的顺序被依次执行。比如一个AJAX请求可以简单分为两部分：发起AJAX请求的函数自身和回调函数。JavaScript引擎首先调用发起AJAX请求的函数本身，请求被发出之后顺序执行任务队列中的下一个任务；浏览器的网络模块得到HTTP响应之后通知JavaScript引擎，Event Loop检测调用栈为空闲时将回调函数加入任务队列并执行。这就是JavaScript异步编程的基本原理，不论是回调函数、Promise，还是Generator、async/await均是在此基础上的具象封装。在架构设计之初，在多个可行的异步编程方案之间进行选择时，主要考虑的两个因素是简洁性和错误处理方式。

> 常见的一个误区是将 JavaScript 单线程理解为浏览器单线程。浏览器本身是多线程的，UI 渲染、CSS 解析、JavaScript 解析甚至 Web worker 均为独立的线程。浏览器在各个线程之间采用一些线程安全机制（比如阻塞式渲染、worker 线程无 DOM 操作权限等）是为了保证网页的正确解析。

虽然Promise解决了回调函数的回调地狱问题，但是单纯地用Promise取代回调函数也会产生新的then hell问题。两者均属于相对底层的异步编程模式，通常需要额外的封装才能更有效地提高开发效率，比如Node.js在回调函数基础上封装的error-first模式。目前JavaScript在语言层面较上层的异步编程模式有两种：Generator和async/await。得益于Babel和polyfill，这两者均可被应用于实际开发中。下面我们将对比两者在简洁性和错误处理方

1　事件循环的译名略有歧义，所以本书将保留 Event Loop 的英文名称。

2　JavaScript 引擎将任务分为 Macrotasks 和 Microtasks，两者分别组成了 Macrotasks 队列和 Microtasks 队列，可以理解为两种子队列。JavaScript 引擎执行队列按照一定的优先级依次执行子队列中的任务。本书此处的任务队列指的是主执行队列，关于两种子队列的相关细节请读者自行查阅相关资料。

面的优劣[1]，从而确定相对较优的异步编程方案。

### 简洁性

代码是写给人看的，简洁性能够在很大程度上影响项目的开发和维护效率。在实际工作中，简洁性通常作为代码审查的主要内容之一。代码的简洁性可以分为两方面：便捷性和易读性。便携性针对的是编写代码时函数的调用方式；易读性强调代码的美观和易理解程度。代码的美观性见仁见智，并不能作为严格的衡量标准，所以仅剩便捷性和易读性两方面的对比。代码 2-14 所示的是分别使用Generator和async/await书写的相同功能的函数：Generator函数必须调用next()方法用来获取每一次迭代计算的结果；async函数返回一个Promise，在then()方法中可以通过参数获取到计算结果。不论是从书写代码的便捷性还是易读性方面，async/await均胜于Generator。即便额外加上美观性的考虑，Generator函数本身就有两种写法[2]，需要统一的代码规范约束。

**代码 2-14**

```
function bar(arg){
  return arg+1;
}
// async函数
async function foo(arg){
  const result = await bar(arg);
  return result;
}
foo(10).then(val=>console.log(val));
// Generator函数
function* foo(arg){
  yield bar(arg);
}
console.log(foo(10).next().value);
```

---

1　本书对两者的比较均是以未加任何封装的原生语法为衡量标准。

2　星号（*）既可以位于 function 关键字之后，也可以位于函数名之前。

### 错误处理

错误处理不论是在开发阶段还是在生产环境中都是非常重要的，尤其是JavaScript开发中匿名函数的大范围使用，错误栈的追踪是一项非常有挑战性的任务。ES6 甚至针对匿名函数引起的调试困难问题从语言层面进行了一定程度的补救措施。[1]Node.js的error-first回调函数模式强制开发者首先对有可能抛出的错误进行处理，这在一定程度上增强了回调函数的可用性。在对一个框架或者工具做可行性调研时，其错误处理能力是核心指标之一，语言层面的方案选择同样如此。代码 2-15 所示的是Generator和async/await最基本的错误处理模式：由于async函数返回一个Promise，因此可以用catch()方法捕获函数内部抛出的错误信息；而Generator函数则只能用传统的try-catch进行错误捕获。[2]

**代码 2-15**

```
function bar(arg){
  if(typeof arg !== 'number'){
    throw new TypeError('invalid parameter');
  }
  return arg+1;
}
// async函数
async function foo(arg){
  const result = await bar(arg);
  return result;
}
foo('10')
.then(val=>console.log(val))
.catch(err=>console.log(err.message));
// Generator函数
function* foo(arg){
  yield bar(arg);
```

1 ES6 进一步规范了函数的内置 name 属性。

2 Generator 的错误处理方式有另外一种方案，即通过 Generator 函数的 throw()方法由外向内“抛入”错误信息，然后在 Generator 函数内部使用 try-catch 捕获。这是一种反向模式，尚且不讨论这种模式在使用上的便捷性，单纯从易理解程度上考虑也不如 async 的错误处理方式直观。

```
}
try{
  console.log(foo('10').next().value);
}catch(err){
  console.log(err.message)
}
```

综上而言，不论是从简洁性还是错误处理方式上，async/await 均优于 Generator，是相对较优的异步编程模式。

> Generator 标准是 ES2016 的一部分，async/await 属于 ES2017。实际上，如果使用 Babel 将 ES2017 转译为 ES2016 规范，async 函数会被替代为 Generator 和 Promise 的组合。即便可以相互取代，async/await 也不仅仅是 Generator 的语法糖那么简单。不论是 async/await 还是 Generator，都是 Coroutine（协程）的一种实现模式。协程是比线程更小的“light thread”，分为 stackful coroutine（有栈协程）和 stackless coroutine（无栈协程）。细化来讲，async/await 是有栈协程，有独立的运行栈，支持嵌套使用，同为有栈协程的有 Golang 中的 goroutine；而 Generator 是无栈协程，没有独立的运行栈，状态的保存依赖闭包，不支持嵌套，同为无栈协程的有 Python 中的 generator。除了写法上的差异，有栈协程和无栈协程并非存在绝对的优势和劣势。有栈协程从控制流的调度上更胜一筹，但它需要独立的内存空间；而无栈协程则相对更节省资源，在硬件较差的环境下性能优于有栈协程。

## 2.4 总结

前端开发的编程语言虽然单一但具有高度的灵活性，加上前端资源多样、应用场景复杂等因素，不论是从语言层面还是架构模式层面均需要细细打磨。

HTML 渲染是前后端耦合最紧密的环节，服务端渲染和客户端渲染是两种基本模式。相对而言，服务端渲染有更深的技术沉淀和产业生态，客户端渲染更利于前后端分离。在实际开发中，不同的渲染模式适用于不同特征的业务，甚至可在一定范围内混合使用。

CSS 的弱编程能力给开发和维护带来了极大的挑战，依靠语言规范的进化短期内很难得到质的提升，所以 CSS 开发对工具和框架的依赖性非常高。历史相对较久的预编译模式目前仍然占据主流，从自身技术以及生态均趋于成熟，但在一定程度上受到扩展性的掣肘。PostCSS 去内核化架构和丰富的扩展性有效弥补了这方面的不足，逐渐成为 CSS 开发领域的最佳选择之一。Houdini 力图成为“CSS 的 polyfill”，各主流浏览器厂商已共同成立了专项小组，未来可期。

为 JavaScript 加入静态类型能够有效地在开发或编译阶段消除一些由动态类型产生的隐患，对于复杂架构系统非常有必要。数据的不可变性与函数式编程有天然的融合性，两者的结合能够在很大程度上提高 JavaScript 代码的可测试性。从广被诟病的回调函数模式到 Promise，再到 Generator 和 async/await，不论是架构模式还是语言本身的演进均将异步编程作为 JavaScript 开发的重中之重。以目前的技术环境而言，不论是从代码简洁性还是错误处理的角度衡量，async/await 均是相对较优的选择。

本章并未深入到语言的每个细节，事实上本书的意图也并非是作为可供参考的字典式工具书。这并不是说语言细节不重要，而是从宏观架构的角度思考编程语言最基本的立意是开发模式而非语言细节。确立所选编程语言的开发模式之后，接下来要做的是技术规范的制定，其后才是具体的子模块设计。下一章将讲解在技术规范的制定过程中需要遵循的诸多原则和业界实践。

# 第3章 技术规范

在漂亮的建筑作品所表现出来的不同和复杂性背后，你通常会发现一些关于功能组织和规范秩序的简单而优雅的原则。

——摘自《架构之美》

古代战乱时，军队行军最忌扰民，曹操曾割发代首以严律军纪。虽然不是每个士兵都如吕布、张辽一般能以一敌百，但纪律严明的军队有更强的凝聚力和整体作战能力。同理，技术规范并不能令每个开发者都成为独当一面的编程大师，也不能作为一种衡量开发者编程能力的绝对标准，它更像是一个团队的“软实力”。在现实开发工作中，一个大型项目最复杂的模块往往仅占据整体的一小部分，更多的是相对简单的日常开发和维护。编程大师对项目的贡献固然难以取代，但业务需求的开发更多地依赖纪律严明的“常规军”。

遵循统一的技术规范能够有效地降低多人协作、项目交接过程中的沟通成本。技术规范并不会直接提高应用架构的可用性和性能，甚至可能令团队新成员初上手时束手束脚，完全融入需要消耗一定的时间成本。然而与项目迭代过程中由于缺乏统一规范引起的沟通和时间成本比起来，这点消耗简直不值一提。每个在多人团队中工作过的开发者应该都或多或少地维护过缺少文档、代码不规范、资源管理混乱的项目，其中的艰辛不言而喻。即便是有强烈个人风格的自由开发者，自始而终地遵循统一规范也能够在一定程度上提高迭代和维护效率。

在大多数编程领域中，技术规范的作用是在既定技术架构基础上的“锦上添花”。也就是说，技术架构应该独立于规范，而不应该反过来受到规范的制约和影响。然而这项原则在前端编程领域内需要做出一些让步。本书在第 2 章讨论了如何用编程语言思想改善 CSS 的开发模式，一方面引入合理的框架或工具；另一方面则是通过规范 HTML 元素——classname 和 id——的命名将 CSS 带入既定的编程范式语境中，比如 OOCSS 模拟面向对象编程。此外，JavaScript 的编码规范也需要根据应用程序对性能的要求在细节之处做出调整。简而言之，在前端编程领域内，技术规范尤其是编码风格不仅仅是一种约定，而且在一定程度上决定了应用程序的技术架构。

技术规范的优劣没有绝对的界定原则，统一是唯一的标准，在实际工作中需根据团队具体情况因地制宜。本章所讲述的技术规范制定原则和案例难免有一定的局限性，并非适用于所有团队，读者可将其作为现实工作的一种参考。

本章内容涉及以下方面：

- 技术选型相对理性的评定指标。
- 源码资源的目录结构和命名规范。
- 编码风格及其与技术架构的重叠。

## 3.1 技术选型

虽然实际工作中的技术选型难免掺杂团队或个人的喜好，但相对于项目规范和编码规范而言，技术选型的某些标准是可量化的。举一个现实中的案例：在前端开发仍然以jQuery为主的移动互联网起步阶段，各技术团队开发移动站点时大多用zepto.js取代jQuery，一方面是因为两者的功能和API非常接近，迁移成本低；另一方面是考虑到zepto.js体积更小，在较差的网络环境下有相对较优的性能。这便是两个可量化的考核标准：功能和性能。开源工具npms-analyzer[1]从质量、维护频率、流行度和作者4个角度评定一个开源框架/工具的综合表现，对于没有历史包袱或者彻底重构的项目有一定的指导意义。在以上4个指标的基础上不妨再细化一下，扩展为功能、性能、稳定性、生态、学习曲线、作者和社区等7项指标。

**功能**

功能是技术选型最基本的指标，拥有“一票否定权”。评定一个框架/工具的功能不仅要看它是否能满足现阶段产品的需求，还需要考虑其是否能满足在可预见的后续版本中可能增加的新需求。如果未来产品可能扩展到多平台，还需考虑多平台的适用性。在满足以上两点的前提下，功能的具体实现模式、API 的简捷性也是影响选型的重要因素。如果两个框架的其中一个具有简捷易读的 API，能以相对优雅的方式实现同样的功能，则其必然是相对较优的选择。

**性能**

移动为先的理念给前端带来两种启示，一是响应式布局，二是极致的性能。性能的好坏直接影响用户体验，即便一个网站不考虑移动平台，良好的用户体验对产品的竞争力也是不可或缺的。作为支撑业务的技术选型，一个框架/工具自身的性能是至关重要的。上文提到的 zepto.js，它能够在移动端取代 jQuery 的主要优势在于更小的体积，加载阶段占用相对较少的网络资源，从而提高网站的加载速度。除此之外，计算能力、响应速度是性能的另一种表现形式，统称为执行性能。本书第 6 章将详细讲解如何从架构和逻辑层面提高前端应用的加载性能和执行性能。

**稳定性**

可能每个前端开发者都或多或少地遇到过由第三方框架/工具自身 bug 引起的逻辑问题或安全事故，一旦发生这类问题，自行修改框架源码是最快捷的解决方案，这个过程非常痛苦。当然也可以在 GitHub 上向框架的维护者提交 Issue，但反馈的速度并不能得到保障，尤其是几个月甚至更长时间没有提交更新的项目。虽然目前较流行的开源框架/工具稳定版

1 参见链接 17。

本的 bug 非常少，但仍然要保持警惕。在架构设计之初的技术选型阶段应尽量将此类隐患控制在最低的程度。稳定性是决定一个框架/工具是否可作为基础技术选型的重要指标。

#### 生态

一个框架/工具的生态系统分为两部分：一是与其组合为完整系统的扩展插件或框架，比如 Redux 之于 React，Vuex 之于 Vue；二是其开发和调试工具的丰富性，比如 IDE 语法高亮插件、浏览器 Debug 工具等。两个子生态系统一个针对的是应用架构，一个针对的是工程体系，换句话说，基础的技术选型必须有益于架构的高可用和可伸缩，并且能够高效地辅助工程体系的实施。

#### 学习曲线

虽然技术选型的根本是与业务的匹配度，但一个团队制定统一技术栈时除了理性的技术指标以外，也不能忽视“人”的感性因素。平缓的学习曲线能够令团队成员以相对较快的速度接纳和理解新技术，进而在开发中能够深入发挥框架/工具的优势。React 陡峭的学习曲线广被诟病，尤其是文档不健全的早期版本。Vue 在国内前端领域能够异军突起除了本身过硬的品质之外，相对简捷的 API 和友好的文档也是不可忽略的优势。

#### 作者

虽然可能有失偏颇，但总体而言相对个人项目，知名公司和团队制作的框架/工具的品质更高，稳定性也更有保障。React 刚发布时能够在短时间内进入前端领域的流行技术榜单，除了令人眼前一亮的架构模式和技术改革以外，产自 Facebook 的强大背景也有很重要的推动作用。依前文所述，作为支持应用架构的基础技术栈，甚至是团队统一的技术栈，稳定性至关重要。作者的身份在一定程度上能够反映出一个框架/工具的稳定性。Vue 1.0 版本的流行程度远不及当前的原因并非是功能性不足，而是其个人项目的标签令一些谨慎的开发者将其排除在技术选型之外。随后从 Vue 2.0 版本开始，开发团队成为职业的国际化团队，稳定性以及反馈效率进一步得到保障，消除了开发者的顾虑。

#### 社区

社区的活跃度能够反映项目的受欢迎程度，一个框架/工具被更多人使用和讨论也有助于问题的解决。在一个庞大的社区内，你遇到的问题有很大概率已经被前行者解决了。

**开源协议**

开源协议并非是决定技术选型的硬性指标，但在开源社区如此活跃的今天，在使用开源软件之前务必仔细研究其许可协议。React的“协议门”[1]对开源社区是一个警醒，各公司和技术团队对待开源软件的态度也更加谨慎。

## 3.2　资源管理

将项目文件按照模块、功能或者类型分别存放于不同目录下是资源管理的基本模式。比较常见的例子是，Web 服务端代码按照 MVC 架构模式将 Model、View 和 Controller 文件分别存放于单独的平行目录中，在未实施前后端分离的项目中，JavaScript/CSS/HTML 等静态文件通常作为 View 模块的资源。对于体量较小或者薄 View 层的项目可能一个业务页面仅需一个 HTML 文件、一个 JS 文件和一个 CSS 文件，将各类静态资源混合存放于一个目录中也并不影响维护效率。所以在交互逻辑非常简单的时代，前端资源管理并未得到足够的重视，随着交互逻辑复杂性的提升以及前端资源规模和多样性的增长，不规范的资源管理必然会拖累开发和维护效率，并且在一定程度上弱化了架构的可伸缩性。

分治是资源管理的核心思想。构建已经成为现代前端开发流程中不可或缺的环节，前端开发者已经习惯了源码文件与构建产出文件分离，并且将构建产出的文件加入版本管理的忽略列表中（如 gitignore）。npm/yarn 等包管理软件将第三方模块集中存放于固定目录（如 node_modules），这个目录通常也不参与版本管理。这些习惯或者模式可以归纳为：

- 源码文件、构建产出文件以及第三方模块文件目录分离。
- 构建产出文件和第三方模块文件不参与版本管理。

以上两条是现阶段前端资源管理最基本或者说是下限规则，对于体量较小的项目足够适用，但对于架构复杂、模块繁多、资源多样的大型项目，则需在此基础上进一步细化规

1　React v15 及其早期版本的 BSD 协议中有一项专利附属条款，2017 年 7 月，Apache 基金会将此类 BSD 协议列为黑名单，这导致基于 React 和很多 Apache 项目不得不重写。随后 React v16 版本将许可协议修改为 MIT 才终止了这场风波。

范，入手点分为两方面：

- 目录结构，归类文件。
- 命名规范，强化语义。

## 3.2.1 目录结构

上文提到的使用MVC架构模式的Web服务端程序不论体量大小均必然包含Model、View和Controller三类文件及其对应的目录。前端领域在目录结构管理方面一直缺乏规范性，这有一定的历史原因，也从侧面反映出前端架构的灵活性。不同的架构模式、技术栈的差异，甚至个人或团队的喜好都会影响项目代码的目录结构。目前较流行的前端框架如Vue/React/Angular等大都有配套的脚手架[1]工具，生成的项目样板文件[2]结构或多或少存在不同。仔细对比不难发现，在表面的差异性背后隐藏的一些通用原则：

- 源码文件单独目录存放。
- 构建产出文件单独目录存放。
- 第三方框架/工具单独目录存放。
- 工程配置文件单独目录存放。
- 单元测试文件单独目录存放。
- 媒体资源（图片/视频等）单独目录存放。

以上所列的是必须遵守的基础原则，或者说是宏观层面的指导方向。在遵守这些原则的前提下，现实工作中具体的实施方案往往在细节之处存在一些差异。差异化的主要争议点在于源码文件的归类因子到底是侧重类型还是侧重组件。抛开不同技术栈以及个人喜好这些无具象因素，应用程序的架构模式是引起差异化的主要原因。加上构建功能高度的可定制性，进一步增加了前端源码目录结构的自由度。

假设如图 3-1 所示的网页包括三个组件：页首Header、页脚Footer和内容主体Body。每个组件的源码分别包含一个JS文件、一个CSS文件和一个HTML文件[3]，构建阶段将各组件

1 脚手架用于项目初期自动生成样板文件，本书第 7 章将进行详细介绍。

2 样板文件（boilerplate）指的是按照既定的结构模板创建的初始项目文件。

3 此处讨论的内容建立在常规前端开发模式（即 JS/CSS/HTML 分离）而非 All-in-JS 模式的基础上。

的JS/CSS/HTML聚合为一个文件，如图 3-2 所示。下面我们将以此为例分别描述如何按类型和按组件归类目录结构。

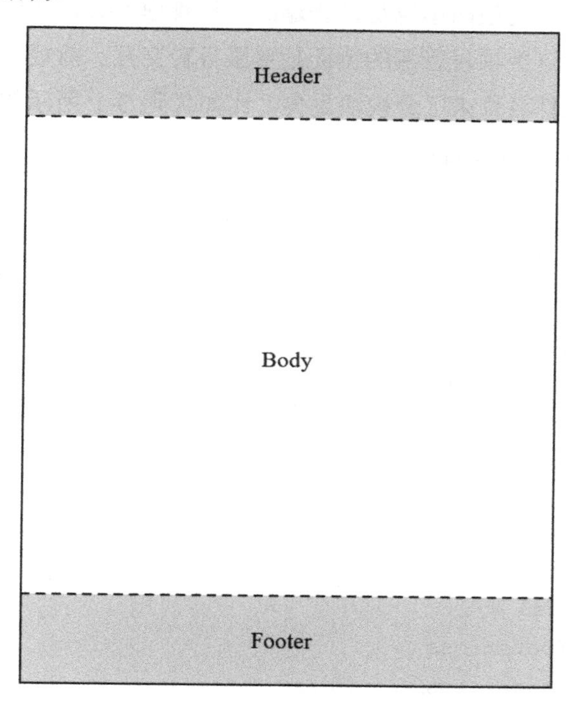


图3-1　示例：组件布局

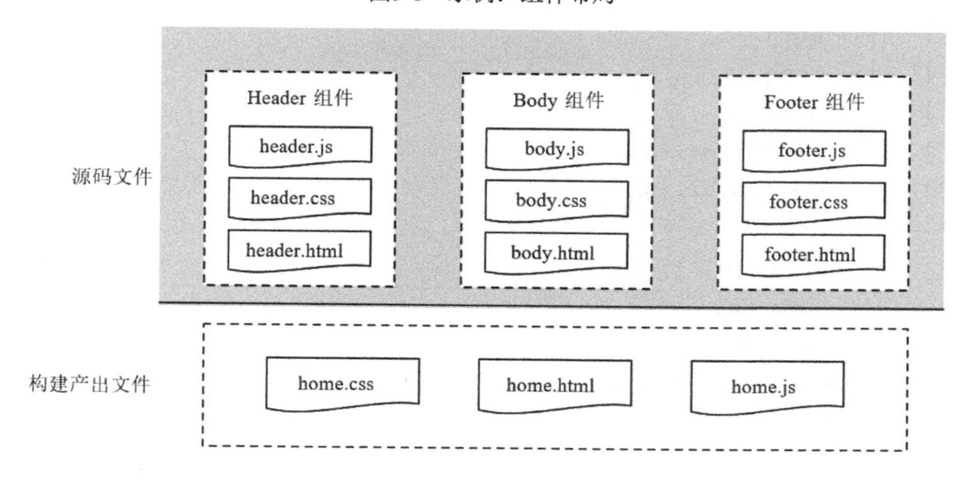


图3-2　示例：组件源码与构建产出

### 按类型

按类型归类源码文件是最简单也是最普遍的一种管理方案，在体量较小以及前后端耦合的项目中尤为常见。这类项目普遍的特征是重服务轻交互，前端逻辑简单，没有复杂的模块化体系，单纯以文件名称来区分模块足矣。比如代码 3-1 所示的是一个典型的按类型归类前端资源的 PHP 服务端项目：

**代码 3-1**

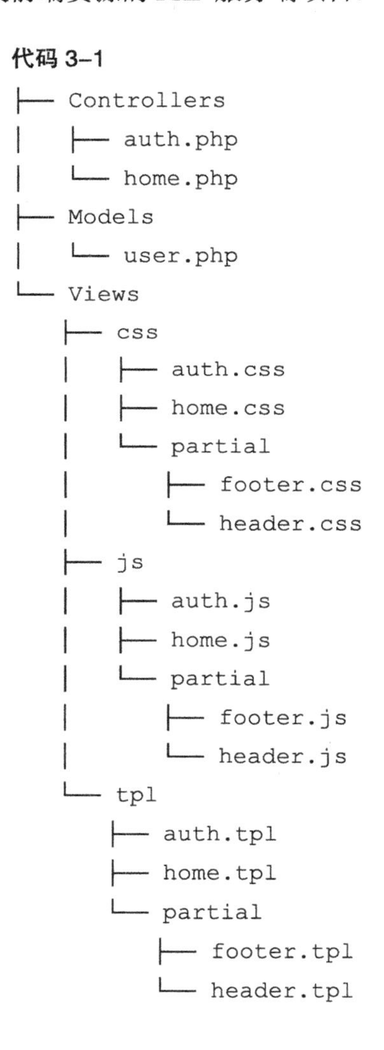

```
├── Controllers
│   ├── auth.php
│   └── home.php
├── Models
│   └── user.php
└── Views
    ├── css
    │   ├── auth.css
    │   ├── home.css
    │   └── partial
    │       ├── footer.css
    │       └── header.css
    ├── js
    │   ├── auth.js
    │   ├── home.js
    │   └── partial
    │       ├── footer.js
    │       └── header.js
    └── tpl
        ├── auth.tpl
        ├── home.tpl
        └── partial
            ├── footer.tpl
            └── header.tpl
```

其中，home 和 auth 是两个业务页面，header 和 footer 是通用的公共组件，被 home 和

auth 业务引用。以 home 业务为例，home.js、home.css 和 home.tpl 这三个文件是与业务绑定的专属资源，可以理解为图 3-2 中的 Body 组件。构建阶段将 Header 组件、Footer 组件以及 Body 组件的源码文件分别聚合为 home.js、home.css 和 home.tpl。这种资源管理模式随着交互逻辑复杂度的提升、业务和组件数量的增长，在一定程度上限制了架构的可伸缩性，并且会对开发者的工作效率产生负面影响。

### 按组件

前后端分离是改善代码 3-1 所示项目架构的最优解，但是迭代的成本比较昂贵，不仅需要引入新的技术栈，而且还涉及协作开发、测试和部署流程的改动。成本相对较小的方案是在现有架构模式的基础上做小范围的调整，比如按组件归类前端资源，参考代码 3-2：

**代码 3-2**

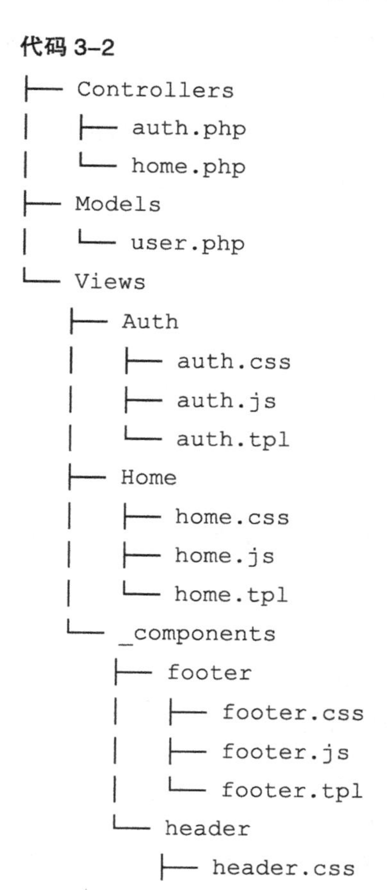

```
├── Controllers
│   ├── auth.php
│   └── home.php
├── Models
│   └── user.php
└── Views
    ├── Auth
    │   ├── auth.css
    │   ├── auth.js
    │   └── auth.tpl
    ├── Home
    │   ├── home.css
    │   ├── home.js
    │   └── home.tpl
    └── _components
        ├── footer
        │   ├── footer.css
        │   ├── footer.js
        │   └── footer.tpl
        └── header
            ├── header.css
```

```
├── header.js
└── header.tpl
```

- 业务资源目录命名语义化，并且首字母大写。
- 公共组件统一存放在二级目录_components 内，并且按组件归类源码文件。

以上优化方案通过调整目录结构和名称强化了文件的语义，每个文件的作用一目了然，在一定程度上提高了架构的可伸缩性，有益于开发和维护效率的提升。并且改造的成本非常低，基本不会涉及架构逻辑层面的改动。

这个例子中展示的是一个前后端耦合架构的项目源码，在目前普及前后端分离的市场背景下显得有些极端，但其实这类架构并未完全脱离市场。比如在使用 Node.js 作为中间渲染层的前后端分离架构中，移除了 Model 层的 MVC 仍然是主流架构模式之一，前端仍然是作为 View 层，与本例所示的模式基本相同。即便是在极端的前后端分离的 SPA 架构中，按类型还是按组件归类源码文件也是资源管理方面的主要争议之一。新技术栈的引入可以在一定程度上改善现状，比如使用 Vue/React 等 All-in-JS 的开发模式可减少资源类型的多样性，从而提高资源管理方案的自由度。

## 3.2.2 命名规范

除了目录结构，源码文件的命名也是在日常开发工作中容易被忽略的环节。文件名称格式随意、语义不明的项目交接后或由多人共同维护时，通常令开发者对其功能不明所以，需要消耗额外的人力和时间成本去理解源码的模块体系。大型项目的重构过程往往不是一蹴而就的，而是从小范围、逐模块的重构开始慢慢迭代的。经历过类似工作的开发者可能对那些名称不明的历史文件都甚为忌惮，短时间内搞不清楚这些文件的作用以及引用它的模块，不敢轻易改动，最终只能任其如定海神针般屹立于源码的海洋之中。冗余且作用不明的资源经过日积月累可令整个项目源码异常臃肿，难以维护。

命名规范的核心是强化文件名称的语义性，其次是格式的统一。在名称的语义性方面，现实生活中考古界对文物的定名标准是追求语义性的典型案例。对于缺少历史文献记载、名称不详的出土文物，考古工作者按照其年代、外形、质地、用途等特征进行命名，力求达到“观其名而知其貌”的效果。比如图 3-3 所示的现存于云南省博物馆的西汉四牛鎏金骑士铜贮贝器，即便是对其历史一无所知的普通人也能够通过名称获知它的年代（西汉）、外形（四牛/骑士）、质地（鎏金/铜）和用途（贮贝）。

图3-3　西汉四牛鎏金骑士铜贮贝器——图片引自维基百科

回到编程领域，强调源码文件名称语义性的目标与文物是一致的，比如在代码 3-1 所示的项目中，Header 和 Footer 组件对应的 JS/CSS/TPL 源码统一使用组件名称作为文件名，即使将源码文件按照类型归类存放也能够令开发者通过文件的名称立即获知其对应的组件。在语义性的基础上，统一的命名格式（比如驼峰式）对于多人团队来说能够进一步降低成员间的沟通成本。在遵循语义性和一致性两项基本原则的前提下，现实工作中可根据团队实际情况制定具体的规范方案。代码 3-3 展示的是作者所在团队遵循既定规范的一个使用 Vue 技术栈的 SPA 项目的源码结构，供大家参考：

**代码 3-3**

```
├── assets
│   ├── fonts
│   │   ├── icons.ttf
│   │   └── icons.woff
```

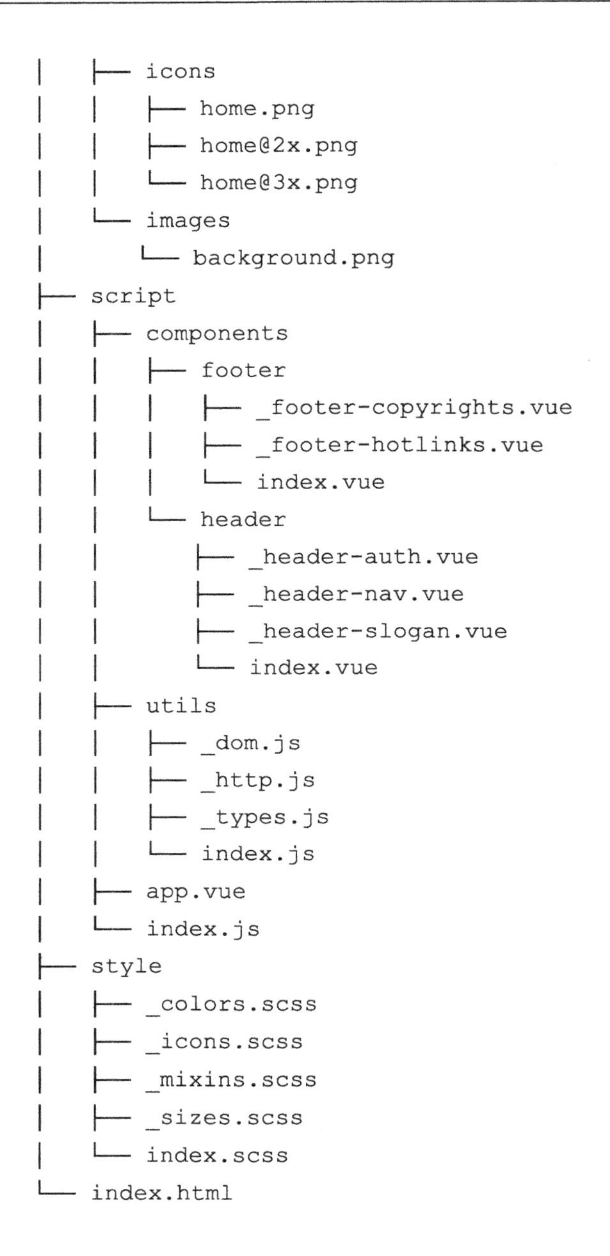

```
│   ├── icons
│   │   ├── home.png
│   │   ├── home@2x.png
│   │   └── home@3x.png
│   └── images
│       └── background.png
├── script
│   ├── components
│   │   ├── footer
│   │   │   ├── _footer-copyrights.vue
│   │   │   ├── _footer-hotlinks.vue
│   │   │   └── index.vue
│   │   └── header
│   │       ├── _header-auth.vue
│   │       ├── _header-nav.vue
│   │       ├── _header-slogan.vue
│   │       └── index.vue
│   ├── utils
│   │   ├── _dom.js
│   │   ├── _http.js
│   │   ├── _types.js
│   │   └── index.js
│   ├── app.vue
│   └── index.js
├── style
│   ├── _colors.scss
│   ├── _icons.scss
│   ├── _mixins.scss
│   ├── _sizes.scss
│   └── index.scss
└── index.html
```

- assets/fonts 目录存放字体图标文件。
- assets/icons 目录存放未加入字体图标库的零散图标文件，这部分图标在构建阶段被合并为雪碧图，不同分辨率使用类似@2x 后缀命名。

- assets/images 目录存放业务图片文件。
- style 目录存放 SCSS 源码，其中 index.scss 为入口文件，其他文件为对外不可见的子模块。
- script/components 目录下的每个子目录为一个组件，其中 index.vue 为组件入口文件，其他文件为对外不可见的子组件。
- script/utils 存放工具函数文件，其中 index.js 为模块入口文件，其他文件为对外不可见的子模块。
- script/index.js 和 script/app.vue 分别为主模块 JS 文件和主业务 vue 文件。
- index.html 为应用程序入口文件。

上述规范将一个模块/组件内部的子模块/组件名称以下画线“_”为前缀，所有子模块/组件只能由本模块/组件的入口文件引用，对外不可见。比如 javascript/utils/index.js 的代码如下：

**代码 3-4**

```
export * from './_dom.js';
export * from './_http.js';
export * from './_types.js';
```

相对来说，目录结构和命名规范对于体量较小或生命周期很短的项目并没有很强的必要性；而对于架构复杂、模块众多、资源多样的大型项目而言，具有语义性和一致性的目录结构和命名规范能够辅助开发者理解架构模块体系，减少项目交接和多人协作开发过程所消耗的人力和时间成本。

## 3.3　编码风格

良好的编码风格可以增强代码的易读性和可维护性，而如何判定一种编码风格是否“良好”却并没有绝对严格的标准。编码风格是感性的、极具个人色彩的，比如缩进是使用空格还是Tab几乎成为程序员之间的“圣战”。从其他编程语言切换到JavaScript的开发者或多或少地会将其他语言的风格融合到JavaScript中，比如Golang开发者不喜欢句尾的分号、Python开发者不喜欢if的花括号等。并且很多前端框架本身的语法就接近其他编程语言，比如仿Scala语言的Scala.js[1]、与Java语法相近的TypeScript等。使用这类框架进行开发必然需要在编码风格上做出相应调整。所以在百花齐放的前端开发领域内，试图归纳出绝对一致的编码风格原则几乎是不可能完成的任务。通常来讲，只要一种编码风格能够具有统一性、语义化、恰到好处的注释，同时兼顾美观性，就可以将其冠以“良好”的标签。

**统一**

统一性是评定一个多人团队编码风格是否及格的底线，失去统一性的编码风格即使其他方面再优秀也是不合格的。统一性可细分为两个方面：一方面是保证团队成员使用统一的编码风格；另一方面是在版本迭代中保持风格一致。团队使用一致的编码风格能够令成员之间的协作更加顺畅，进而提升项目的迭代和维护效率。在迭代中保持风格统一能够令新加入的成员或项目交接后的开发者更容易理解历史代码并遵循既定的编码风格进行迭代，这在很大程度上可减少由于版本更新积累的历史包袱。你可能不止一次听过“PHP 是世界上最好的编程语言”这句戏言，以及 PHP 广被吐槽的 API 命名不一致问题，比如奇怪的大小写规则，Linux C 风格和驼峰式混用的函数命名等。这些问题固然部分归咎于最初的语言设计者对统一风格的忽视，更多的是在版本更迭中不断积累的历史包袱。

**语义**

同前面所述的文件命名规范相似，语义明确的变量、类、函数命名能够加强代码的易读性，令开发者更容易理解代码的功能以及架构的模块体系。在缺少混淆工具的年代，出于保护代码的目的，前端开发者在编写代码时会赋予变量或函数没有任何语义的名称，戏称为“人工混淆”。如代码 3-5 所示：

**代码 3-5**

```
function n(b){
  if(Object.prototype.toString.call(b)!=='[object Array]'){
    return false;
```

1 参见链接 18。

```
  }
  return m(b);
 }

 function m(b){
   var r = true;
   for(var i of b){
     if(!h(i)){
       r = false;
       break;
     }
   }
   return r;
 }

 function h(a){
   return !isNaN(a)&&(typeof a === 'number');
 }

 function a(b){
   if(!n(b)){
     return null;
   }
   var c=[],d=[];
   for(var k of b){
     k%2===0?c.push(k):d.push(k);
   }
   return [c,d];
 }
```

函数 a()的作用是返回原数组中的奇偶数子集，工具函数 n、m 和 h 用于辅助判断入参的合法性。对于第一作者以外的开发者必须深入阅读源码才可获知这几个函数的作用，极大地增加了额外的时间成本。得益于前端构建工具全面的功能，开发者无须再通过人工混淆的方式保护代码。经过工具混淆后的代码即使开发者本人也很难阅读，不仅效果远胜于人工混淆，而且在 SourceMap 的辅助下可以更精确地进行 Debug。开发者不仅可以使用更语义化的命名而无须担心代码的安全性，而且可以借助第三方框架/工具对代码进行精简。比如使用 TypeScript 实现同样的功能，如代码 3-6 所示：

**代码 3-6**

```
function splitOddAndEven(list:number[][]):[number[],number[]]{
  const odd:number[] = [];
  const even:number[] = [];

  for(const item of list){
    item%2===0?even.push(item):odd.push(item);
  }

  return [odd,even];
}
```

代码 3-6 仍然有改进的空间，但相对于代码 3-5 来说，不仅更容易理解，而且在编译期便可发掘出类型错误的参数。

> 之所以使用 TypeScript 举例，是想说明语义化的范畴不仅仅是命名，明确参数的类型和结构同样属于语义化的一部分。

**注释**

代码注释分为两部分：一部分是使用既定的格式对代码的元素进行说明，比如函数的参数和返回类型；另一部分是在语义化之外，通过自然语言描述以帮助开发者更容易理解源码。语义化固然重要，但在一些特殊情况下不能为了过度追求语义化而牺牲代码的可读性。由英语单词组合成的变量、类、函数名称必然会受限于英语这门语言的特征，比如一些长度过长以至于影响代码简洁性和易读性的英语单词，翻译为中文仅有两三个字。对于这类单词，通常情况下会取它的前几个英文字母，比如将 calculate 简化为 calc。经此简化之后的单词表面上其实没有任何语义，因为它并不是一个现实世界里的单词。在这种情况下，注释便是对语义化的一种补充。注释不受限于编程语言的语法，可以用自然语言和本地语言描述，比代码更容易理解。当然，与语义化一样，注释也不宜过长，冗长且无营养的注释反而有碍于开发者理解代码。比如代码 3-7 所示的极端案例：

**代码 3–7**

```
function splitOddAndEven(list:number[][]):[number[],number[]]{
  const odd:number[] = [];
  const even:number[] = [];

  for(const item of list){
    // 如果一个数字对2取余结果为0则为偶数，否则为奇数
    item%2===0?even.push(item):odd.push(item);
  }

  return [odd,even];
}
```

**美观**

美观性是程序员对于编码风格争议的焦点，比如前文提到的缩进方式、句尾分号，以及花括号位置等。美观性的评定带有很强的主观色彩，没有绝对的好坏之分，只要不违反语言的语法规则，团队成员保持形式统一，便是美观的代码。

在遵循以上 4 项基本原则的前提下，JavaScript/CSS/HTML 根据自身特点的不同均存在一些独到之处。有些特色是由语言本身决定的，比如尽量使用语义化的 HTML 标签；也有些特色的出发点是从架构层面的考虑，比较典型的案例是，JavaScript 在高性能与易读性之间的抉择以及 CSS 通过命名模拟既定的编程范式。

## 3.3.1 JavaScript 的高性能与易读性

前端开发者在工作中可能或多或少地遇到过这种情况：某个功能的实现有不止一种方案。尤其是 ES6 新增了许多便捷的 API，能够在很大程度上减少代码量的同时增强代码的可读性。在大多数情况下，开发者会毫不犹豫地选择便捷易读的方案，而并不会太在意多

种方案之间性能的差异。即便可读性较好的方案有相对较大的性能损耗，在现今的设备硬件配置和浏览器环境下这点损失几乎可以忽略不计。但是当应用程序的数据量上升到 5 位数甚至更庞大时，开发者便需要重新审视所有可行方案，会为了提高应用程序的性能表现而在一定程度上牺牲代码的可读性。

实现方案的性能差异不仅与开发者的个人能力有关，而且JavaScript语言自身的一些API或语法也存在很大的差距。数组的循环操作就是一个非常典型的例子。你可以使用原始的for或for...of循环，也可以使用forEach、map、reduce等可读性更好的API。这些实现方式背后的性能差距随着数组容量的增长被逐步放大。代码 3-8 和代码 3-9 分别使用for...of和reduce计算数组元素的累加和，图 3-4[1]展示的是当数组容量分别为 5000、500 和 100 时两种方案的OPS[2]对比。可以看出，数组容量为 100 时两者的性能差距几乎可以忽略，随着数据量的增长，for...of的性能优势越来越明显，当数组容量增长到 5000 时，OPS超出reduce三倍之多。

**代码 3-8**

```
const arr = (new Array(10000)).fill(1);
let sum = 0;

for(const i of arr){
  sum+=i;
}
```

**代码 3-9**

```
const arr = (new Array(10000)).fill(1);
const sum = arr.reduce((a,b)=>a+b);
```

大多数常规前端项目不会迫使开发者在性能与可读性之间做艰难的选择，对于这类项目我们提倡使用相对便捷、语义化和易读的方案。可读性为性能让步通常体现在大数据、计算密集型项目上，典型的是图形类应用，比如数据可视化、地图、游戏、WebVR 等。图

1 实验数据使用 jsperf 获得，详见链接 19。

2 OPS 全称为 Operation Per Second，意为每秒操作数，是衡量程序性能的主要指标之一。

形编程类项目的数据规模往往超出常规前端项目几个量级，计算量接近设备硬件或浏览器的性能瓶颈，提高计算逻辑的性能是唯一的突破口。

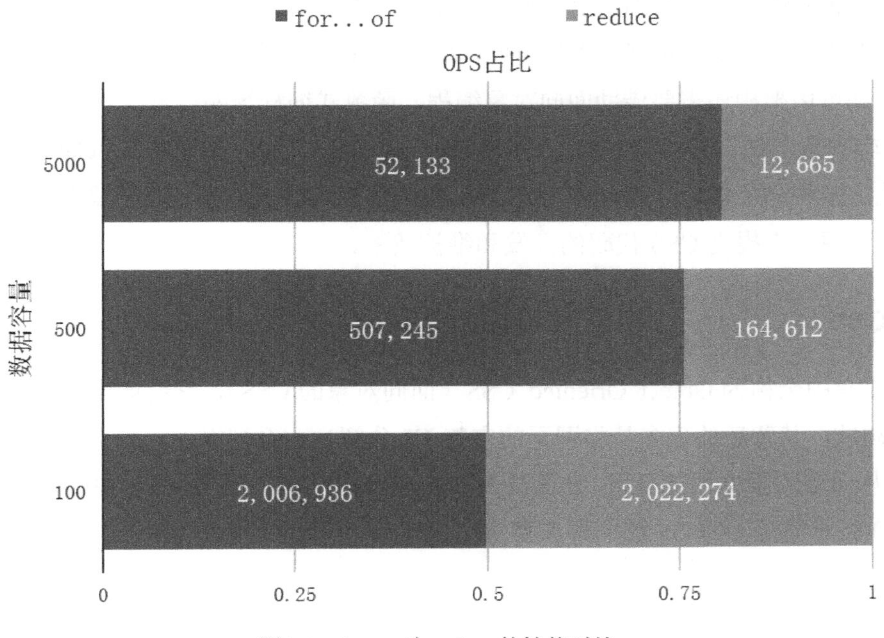


图3-4　for...of与reduce的性能对比

## 3.3.2　CSS 编程范式与面向对象

前端界，更准确地说是CSS界流传着一个古老的笑话[1]：“Two CSS properties walk into a bar. A barstool in a completely different bar falls over”，翻译成中文就是“两个CSS属性走进一个酒吧，而另一个酒吧的高脚凳却莫名其妙地摔倒了”。这个笑话反映的是本书 2.2 节提到的CSS的全局性，如果新增的CSS选择器影响了其他HTML元素，既不会报错也不会提示，所以很有可能在某一次迭代中，本意是只针对新增元素的CSS代码却造成历史版本的崩溃。CSS-in-JS将每个组件的CSS代码带入唯一的命名空间，能够在一定程度上弥补CSS全局性引起的问题，但缺点是一方面限制了CSS代码的复用性和移植性；另一方面在JavaScript中编写

1　这个笑话来源于 2014 年的一则 Twitter，参见链接 20。

CSS代码的开发模式违背了关注点分离原则，开发者对其褒贬不一，不具备普适性。

除了 CSS-in-JS 这类极端的开发模式以外，不论是 LESS 还是 PostCSS，均是从编程语言的角度改善 CSS，在此基础之上，进一步提高 CSS 代码的健壮性和可维护性需要施以合理并且具有普适性的编程模式。作为类比，JavaScript 自身的编程语言特征是基础，在此之上，构建高可用架构还需要借助面向对象编程、函数式编程等编程范式思想。CSS 领域同样如此，较普遍的做法是给 HTML 元素的 classname、id、data 等属性（以 classname 为主）的名称施加某种命名规范，将 CSS 带入对应的编程范式语境之下，遵循编程范式的一些系统性的既定原则来提高 CSS 代码的开发和维护效率。

### OOCSS

OOCSS 的全称为 Object Oriented CSS（面向对象的 CSS），它将面向对象编程思想带入 CSS 领域，其背后的理念是将网页的完整 UI 分解为一系列组件，每个组件的颗粒度尽可能细，从而最大程度地被复用，它遵循 SOLID 原则中的单一职责原则和关注点分离原则。代码 3-10 展示的是 OOCSS 的一种典型实施模式：

**代码 3-10**

```
// CSS
.f12{font-size:12px;}
.f14{font-size:14px;}
.m5{margin:5px;}
.p5{padding:5px;}

// HTML
<div class="p5 content">
  <p class="f12 m5 content-entity content-entity-main"></p>
  <p class="f14 m5 content-entity content-entity-sub"></p>
</div>
```

在解释代码 3-10 所示示例之前，需要明确两个概念：UI 组件和 CSS 组件。UI 组件也可以理解为业务组件，它由 HTML、JavaScript 和 CSS 共同组成；CSS 组件指的是一个功能单一的 CSS 规则，这并非一个严谨的概念，仅在 OOCSS 语境下有效。

将上述两种组件类型带入此示例，代码3-10所示的HTML元素的classname分为两类：

- 一类是UI组件所属“局部作用域”内特有的，语义指向UI组件功能，比如content、content-entity 均属此类。这类 classname 用于描述组件特有的样式或者作为JavaScript操作组件DOM的选择标记，不属于OOCSS范畴，所以不再赘述。
- 一类代表CSS组件，语义指向它所对应的样式，比如f12、m5和p5。这类classname便是典型的OOCSS模式。

OOCSS将每个classname视为一个功能单一的CSS组件，业务组件通过组合多个CSS组件实现综合的样式效果。需要特别注意的是，CSS组件对应的classname通常要放置在UI组件classname之前，比如代码3-10所示的class="f12 m5 content-entity content-entity-main"。用面向对象编程思想解释这种行为时，可以将f12和m5理解为基类，<p>元素的class整体为一个多重继承了基类f12和m5的派生类，在复用基类样式的基础上又扩展出content-entity和content-entity-main两个派生类成员所具有的样式。

OOCSS显著的优点是可组合性高，非常适用于可高度扩展的前端项目，比较典型的是Strikingly[1]之类的建站工具。Bootstrap[2]中也存在对OOCSS的应用，比如代码3-11所示[3]的元素4个方向border对应的classname：

**代码3-11**

```
<span class="border"></span>
<span class="border-top"></span>
<span class="border-right"></span>
<span class="border-bottom"></span>
<span class="border-left"></span>
```

但是对于常规的前端项目而言，绝大多数组件都是业务指向性的，即便有多个主题，每个主题也都遵循固定的、统一的设计规范。简单来说就是不需要很高的灵活性。所以OOCSS最大的优势得不到体现，反而会将其缺陷暴露无遗，比如一个复杂样式的HTML元

1　参见链接21。

2　一个比较流行的前端组件库，详见链接22。

3　此段代码引自官方示例，参见链接23。

素classname太过冗长。当然，借助LESS/SASS等CSS预编译语言可以将CSS组件作为混合，业务组件通过继承[1]实现对CSS组件的组合，从而解决业务组件classname的冗长问题。即便如此，大量功能单一的CSS组件代码长期堆积也容易造成维护困难。

综上所述，OOCSS 能够在一定程度上增强 CSS 代码的灵活性和可复用性，但是在决定使用它之前务必谨慎评估是否适合自己的项目。与其说 OOCSS 是一种实践方案，不如说它更像一种思维模式或者方法论，为后续的演进提供了方向。

### BEM

BEM是Block（块）、Element（元素）和Modifier（修改器）的简称[2]，是OOCSS方法论的一种实现模式，底层仍然是面向对象的思想。Block代表一个逻辑或功能独立的组件，是一系列结构、表现和行为的封装。Block具有一定的共用性，可以单独作用也可以互相嵌套。比如logo组件是一个Block，它可以被嵌套于Header、Footer甚至页面中的任何地方。Element是Block内部的一个子组件，仅在Block范畴内使用，不能被外部访问。比如logo组件内的<img>标签为一个Element，它的语义和样式仅在logo组件内有效，如果单独存在或嵌套在其他组件内则失去了本身的语义。Modifier用于描述一个Block或Element的表现或者行为，比如在某些特殊的日子网站统一使用灰色调，logo组件的classname被修改为“logo—gray”，其中gray便是一个Modifier。Block、Element和Modifier统称为BEM的三种实体。

BEM 规范下 classname 的命名格式为：

```
block-name__<element-name>—<modifier-name>_<modifier_value>
```

其中 Block 必须存在，Element 和 Modifier 为可选。根据具体情况，Modifier 又可细分为 modifier-name 和 modifier_value。从而可演变出 Block__Element、Block—Modifier 和 Block__Element—Modifier 三种具象的表现形式。以上命名规则细化如下：

- 所有实体的命名均使用小写字母，复合词使用连字符“-”连接。
- Block 与 Element 之间使用双下画线“__”连接。

1 此处的继承指的是 CSS 预编译语言的继承，而非 CSS 的继承，比如 SCSS 的 include。

2 为便于理解，本书后续将保持使用首字母大写的英文单词代指 BEM 的三种实体。

- Modifier与Block/Element使用双连字符[1]“—”连接。
- modifier-name 和 modifier_value 之间使用单下画线“_”连接。

代码 3-12 展示的是一个 BEM 的典型案例。

**代码 3–12**

```
// HTML
<div class="header">
  <div class="logo">
    <img class="logo__image" src="logo.png"/>
  </div>
  <nav class="nav">
    <ul class="nav__list">
      <li class="nav__item nav__item—active">
        <a class="nav__link" href="/">Home</a>
      </li>
      <li class="nav__item">
        <a class="nav__link" href="/">Document</a>
      </li>
      <li class="nav__item">
        <a class="nav__link" href="/">About</a>
      </li>
    </ul>
  </nav>
</div>


// CSS
.header{…}
.logo{…}
.logo__image{…}
.nav{…}
```

1　请注意此处指的是英文的连字符，而非中文的破折号。BEM 中也可以使用单连字符作为复合词的一部分。

```
.nav__list{…}
.nav__item{…}
.nav__item—active{…}
.nav__link{…}
```

除了对classname的命名进行约束以外，BEM同时规定CSS需要遵循只使用一个classname作为选择器，即[0 0 1 0]规则[1]。选择器规则中既不能使用标签类型、通配符、id以及其他属性，classname也不能互相嵌套。比如代码 3-13 中所示的CSS规则违背了BEM规范：

**代码 3-13**

```
*{…}
p{…}
#id{…}
[name="bar"]{…}
.logo .logo__image{…}
```

虽然 BEM 规范非常精细甚至有些烦琐，但一旦理解了它的方法论，应用到具体开发中便能立即体会到它的便利性。BEM 规范非常适用于公共组件，可令组件的样式定制具有很高的灵活性。[0 0 1 0]选择器的权重非常低，将外层容器的 id 作为选择器最上层命名空间。按照[0 1 1 0]编写整体 CSS 选择器规则，便可以很轻易地定制组件样式并且避免与其他样式冲突。如代码 3-14 所示：

**代码 3-14**

```
// HTML
<section id="sidebar">
  <div class="logo">
    <img class="logo__image" src="logo.png"/>
  </div>
</section>
```

---

1 CSS 选择器特异性或权重的计算有一套约定俗成的公式，结果可以具象为一个含有 4 个元素的一维数组[a b c d]。其中 a 代表行内样式；b 代表 id 选择器；c 代表类名、伪类和属性选择器的个数；d 代表标签和伪元素选择器的个数。具体到 BEM 规范，[0 0 1 0]的含义便是不能使用行内样式、id、标签和伪元素选择器，在此之上进一步限制只能使用单个 class 选择器。对计算 CSS 选择器特异性感兴趣的读者可参考链接 24 所指向的这篇文章。

```
// CSS
// logo组件本体样式
.logo{…}
.logo__image{…}
// 定制样式
#sidebar .logo{…}
#sidebar .logo__image{…}
```

> BEM规范非常复杂和严格，并且应用到实际开发中在细节之处允许存在一定的变体，比如Modifier与Block/Element之间既可以使用双连字符“—”连接，也可以使用单下画线“_”连接。要讲清楚每一个细节几乎可以单独编写成一本书。本书接下来将仅介绍BEM的基本模式，读者可查阅其官方网站[1]进行深入了解。

通过命名规范模拟某种编程范式的理念起源于 2010 年，时间上早于 CSS 预编译器，从某种程度上讲，后来居上的 LESS、PostCSS 其实是对这种方法论的一种补充和辅助，令理论更易实现。而与 LESS、PostCSS 以及 CSS-in-JS 以“硬核”技术改善 CSS 模式所不同的是，这种理念更多的是从规范或者可以称为“软技术”的角度出发，这也正印证了本章开头所讲的技术规范对于编程和架构的意义。

## 3.4　总结

从功能、性能、稳定性、生态、学习曲线、作者和社区这 7 个维度出发，将使技术选型的综合评定保持最大程度的理性。

统一的目录结构、语义化明确的文件名称不仅能够在很大程度上降低多人协作和项目交接过程中的沟通成本和时间成本，同时也是对架构体系的一种具象体现。

与大多数编程领域不同的是，前端领域的编码规范不仅是一种“软技术”，而且从某些方面能够改进开发模式和技术架构。数据量庞大的计算密集型项目有时为了追求高性能而

1　参见链接 25。

不得不在一定程度上牺牲代码的可读性；OOCSS 和 BEM 通过一系列命名规范将 CSS 带入面向对象编程语境中，提高了 CSS 的灵活性和可维护性。这些方法论均已超出了编码规范的原本意义，将影响范畴提升到架构层面。

# 第 4 章 组件化

尽可能保持组件与软件其他部分的低耦合，这样它才能作为一个独立的单元进行工作。

——摘自《Node.js 微服务》

与面向对象编程和函数式编程一样，组件化开发是目前前端编程领域的一个热门话题。在前端出现组件化之前，各个页面之间相互隔离，页面内部的所有代码都混淆在一起。假如某一部分 UI 同时存在于多个页面，比如网站的 logo，那么针对它的迭代工作则需要逐页面进行修改，用程序员更易理解的描述便是算法复杂度为 $O(n)$。组件化思维是抽离各页面公共的部分（包括 HTML 结构、CSS 样式和 JavaScript 逻辑），将其封装为一个组件，组件本身代码的修改可以同步到所有引用它的页面中，类比为算法复杂度为 $O(1)$。这是组件化旨在解决的主要现实问题，即解耦和复用。代码 3-2 所示的 PHP 服务端代码，抽离 header 和 footer 组件初步实现了 View 层代码的简单组件化，可以视为在重业务轻交互时代的前端组件化的雏形。在交互逻辑复杂度不亚于业务逻辑的今天，组件化是前端开发从小作坊式走向工程化的必行之路。

可以将前端组件理解为一个由结构、表现和行为共同组成的高度内聚的对象[1]，在函数式编程语境下可以类比为一个函数，设计优秀的组件是一个输出结果只跟输入参数有关、无任何副作用的纯函数。然而组件并非是一个严谨的技术术语，即使在今天对它的解读也仍然存在一定的歧义，核心的争议在于组件与模块两者之间模糊的边界。虽说对于两者更多的是理论层面的讨论，定义一个对象是组件还是模块并不影响实际的开发工作，但为了后续的内容更便于描述和理解，本章会在解读具体的技术细节之前将两者进行区分。当然，此部分内容是作者个人以及所在团队在长期工作中总结出的结论，难免有一定的局限性和主观色彩，权当参考。

本章包括以下内容：

- 组件和模块的定义和边界
- Web Components 规范解读
- 前端组件的设计模式

# 4.1 组件与模块

其实对组件与模块的争议不仅限于前端范畴，在其他编程领域甚至设计领域同样存在。通常所说的组件的英文为 component，模块的英文为 module，而 module 的中文翻译同样有“组件”的意思。既然在自然语言层面便存在歧义，那么我们不妨先从这个角度简单探讨一下两者的区别。

### 自然语言

module一词来源于法语，是拉丁语modulus[2]的变体，本意为：

```
a small measure, a measure
```

1 这种理解适用于所有 GUI 应用。

2 参见链接 26。

剑桥词典对module的释义[1]为：

```
one of a set of separate parts that, when combined, form a complete whole
```

component一词是拉丁语componens的变体，是动词compono的现在分词。拉丁词典对compono的释义[2]为

```
to put, place, lay, bring or set together, to unite, join, connect, collect, aggregate, compose, to order, arrange, adjust, etc
```

剑桥词典对component的释义[3]为：

```
a part that combines with other parts to form something bigger
```

拉丁语 modulus 和 compono 均为一种细粒度的片段，区别为，modulus 是一个强调功能性的名词，而 compono 是一个强调组合性的动词，两者组合后的实体规模也略有差别。根据英文释义，多个 module 组合为一个完全体；多个 component 组合为一个“更大的东西”，但是并未说明“更大的东西”是什么。那么就存在两种理解：它可以是一个完全体，也可以是一个更大的片段。如果以完全体作为参考系，module 是低于完全体一级的片段，而 component 可以是比完全体低一级也可以是低两级的片段。取各自的最小级别可以抽象为图 4-1 所示的倒金字塔模型。

综上可以得出一个初步的结论：component 是比 module 粒度更细、更小的片段。这个结论可以为我们在软件编程领域内将两者进行区分提供一定的指导作用。

> 当然，我并不是语言学家，对自然语言的理解和描述肯定是片面的、局限的。并且自然语言是相对感性的，灵活性更胜于编程语言。此处得出的结论并不是作为在软件编程领域内理解 module 和 component 的绝对参考，你可以将其作为一道开阔思维的“开胃菜”。

1 参见链接 27。

2 参见链接 28。

3 参见链接 29。

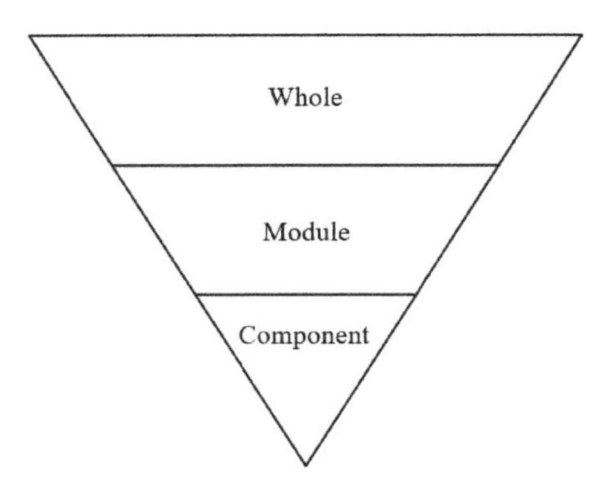


图4-1　倒金字塔模型：从整体到组件

**软件编程**

相对于自然语言，在软件编程领域内，module 和 component 的定义更加复杂，边界也更加难以评定。不同的框架甚至不同的编程语言本身的一些机制都会引起对两者的混淆。component 是软件架构中的一个角色，而非编程语言领域内的术语，所以对其解读可以只从架构层面出发。而 module 虽然早期也仅停留在架构层面，但许多编程语言在版本更迭过程中将其演变成了一种语言自身的角色，比如 ES6 Module，从而进一步加深了 component 和 module 的解读难度。比如一个前端组件中有多个 JavaScript 文件，在 ES6 语境下每个文件都是一个 module，那么以这个由多个 module 组成的 component 为例，是否可以说 module 的粒度比 component 更细？

Angular 是目前为数不多的将 component 和 module 进行明确区分的框架之一。component 在 Angular 中的作用是管理视图中的某个片段，也可以简单理解为 component 便是这个片段的逻辑抽象。如代码 4-1 所示，声明一个 component 需要三个基本元素：template（模板）、style（样式）、selector（选择器），加上 component 的 JavaScript 逻辑，形式上类似于代码 3-2 中所示的 header 和 footer 组件。

**代码 4-1**

```
import { Component, OnInit } from '@angular/core';
import { Hero } from '../hero';
import { HEROES } from '../mock-heroes';
```

```
@Component({
  selector: 'app-heroes',
  templateUrl: './heroes.component.html',
  styleUrls: ['./heroes.component.css']
});

export class HeroesComponent implements OnInit {
  heroes = HEROES;

  selectedHero: Hero;

  constructor() {}

  ngOnInit() {}

  onSelect(hero: Hero): void {
    this.selectedHero = hero;
  }
}
```

module（即 Angular 中的 NgModule）是一系列组件（component）、指令（directive）、管道（pipes）、子模块（submodule）以及其他逻辑的封装。每个 module 对应一项功能，并且不一定与视图相关，比如负责 HTTP 请求处理的 HttpClientModule、路由管理的 RouterModule 等。代码 4-2 展示的是 Angular 中 module 的声明方式。

**代码 4-2**

```
import { BrowserModule } from '@angular/platform-browser';
import { NgModule } from '@angular/core';
import { FormsModule } from '@angular/forms';

import { AppComponent } from './app.component';
import { HeroesComponent } from './heroes/heroes.component';
import { HeroDetailComponent } from './hero-detail/hero-detail.component';
```

```
@NgModule({
  declarations: [
    AppComponent,
    HeroesComponent,
    HeroDetailComponent
  ],
  imports: [
    BrowserModule,
    FormsModule
  ],
  providers: [],
  bootstrap: [AppComponent]
});
export class AppModule {}
```

Angular对component和module的定义对我们来说有非常深刻的借鉴意义，虽然目前[1]React和Vue中暂时没有对module进行抽象，但我们也可以将其带入Angular语境中进行理解，比如可以将react-router/vue-router理解为Web应用程序的路由管理模块。从这个角度理解，component和module在软件编程领域内的语义区分非常接近自然语言。

归纳上文，前端领域内模块和组件的语义为：

- 模块和组件均为可分离的、有独立功能的一种封装对象。
- 模块强调功能性，其功能并非一定与视图相关。一个完整的应用程序由多个模块组成。
- 组件强调组合性，是一个视图片段的逻辑抽象。粒度比模块细，一个模块可包含一个或多个组件。

在此基础之上，我们不妨进一步扩大对比范围：上层延展至应用程序，下层深入到编程语言基元[2]。从下至上依次为编程语言基元、对象、组件、模块和应用程序，基元组成对

1 此书编写时 React 的版本为 v16.8.4，Vue 的版本为 v2.6.10。

2 基元，即 language primitives，是编程语言的最小元素，比如一个数字、一个字符串。

象，对象组成组件，组件组成模块，模块组成应用，如图 4-2 所示的倒金字塔模型[1]。

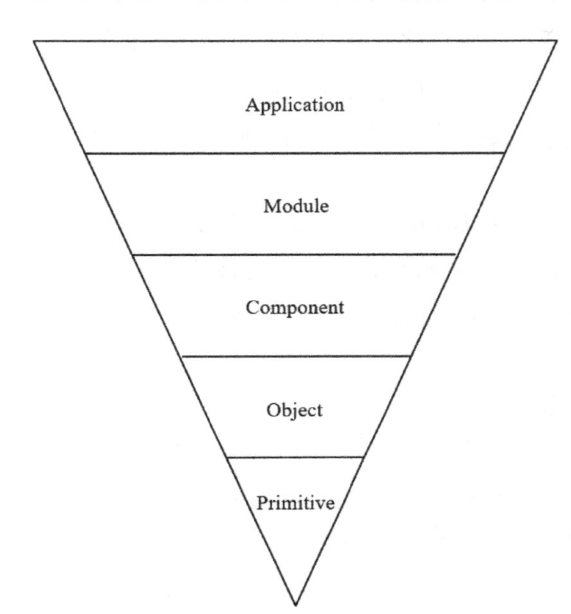


图4-2　倒金字塔模型：从编程基元到应用

> 可能部分开发者反对将不同的框架进行类比，因为每个框架背后的设计理念可能千差万别。首先，组件与模块的争议由来已久，并非仅限于某种框架或编程语言，Angular 对两者的定义也只是众多争议中的一种；其次，前文提到两者的争议其实仅仅是理论层面的讨论，即使你认为 Angular 对模块和组件的定义应该是完全相反的也并不会影响到实际开发工作。

## 4.2　Web Components

虽然前端组件化的趋势已经在开发者群体中达成共识，但在很长的一段野蛮生长期间，组件化并没有统一的规范。不可否认，百花齐放的市场确实为开发者提供了很多灵感和参

1　本书后续涉及模块和组件的内容均以此模型为基础。

考，但是这些方法论和实践模式的提出者必然以自身所接触的项目特征为出发点，因此存在一定局限性，开发者在多个组件化模式之间的切换成本非常高。Web Components是W3C推出的一套用于封装具有复用性、互用性前端组件的技术规范[1]，旨在提供一种标准的组件化模式。它是一系列技术的集合[2]，包括如下几项。

- 自定义元素（Custom Elements）：创建自定义 HTML 元素或扩展内置元素。
- HTML template：组件的模板，一块不会被渲染的 HTML 片段。
- Shadow DOM：创建隔离作用域，实现 DOM、样式和逻辑的封装。

## 4.2.1 自定义元素

顾名思义，自定义元素即对 HTML 元素进行定制。在解读自定义元素规范以及使用方法之前，我们不妨先回想一下 HTML 元素具备哪些要素。以 checkbox 为例，它有固定的标签<checkbox>、默认的样式以及单击响应，依次对应结构、表现和行为，这三者也正是自定义元素的"定制项"，或者说是一个前端组件必须具备的三要素。当 HTML 现有元素无法满足业务需求时，浏览器提供一系列 API 支持开发者对 HTML 元素进行扩展，即可以在原生元素的基础上进行增量扩充；也可以创建一个完全不同于所有原生元素、有自己的结构、表现和行为的新元素。

自定义元素API建立在一系列HTMLElement接口的基础上，通过创建一个继承HTMLElement接口对应类[3]的派生类实现扩展。HTML每个元素均对应一种接口类型，HTMLElement是所有接口的根接口（Basic Interface）。比如<a>标签对应HTMLAnchorElement接口、<div>标签对应HTMLDivElement接口。也有一些标签直接对应HTMLElement接口，比如<strong>、<section>、<code>等，具体可参考HTML规范[4]。需要注意的是，元素与接

1 参见链接 30。

2 早期规范中还包括 HTML imports，截至本书编写时，HTML imports 已经被弃用。

3 截至目前，JavaScript 中并没有接口（interface）这个概念，HTMLElement 接口具象为 JavaScript 中的同名类。严格来说，接口不能被继承（extends），只能被实现（implement），但为了易于理解以及与 JavaScript 语法对应，本章后续的内容会使用"继承 HTMLElement 接口"这种不严谨的说法。

4 参见链接 31。

口之间是多对多的映射关系，也就是说，存在多个不同元素对应同一个接口类型，以及同一个接口对应多个不同元素的情形，这对扩展原生元素非常重要。

### 扩展原生元素

在原生元素现有功能的基础上进行增量扩展是一种典型的渐进增强思维，也是 PWA 积极提倡的一种实践模式。代码 4-3 展示的是扩展原生元素<button>的流程。

**代码 4–3**

```
// JavaScript
class MyButton extends HTMLButtonElement{
  constructor(){
    super();
    this.addEventListener('click', e => alert('Hello my-button'));
  }
}

customElements.define('my-button', MyButton, { extends: 'button' });

// HTML
<button is='my-button'>Button</button>
```

- 首先编写一个类，继承自待扩展的原生元素所对应的接口。<button>元素对应 HTMLButtonElement 接口，类 MyButton 继承此接口，并且新增了单击事件的默认响应，即弹窗提示“Hello my-button”。
- 然后使用customElements.define API进行注册，这个API有三个参数 [1]。第一个参数是string类型的，指定扩展元素的name，对应扩展原生元素is属性的取值。这个参数的命名必须包括连字符“-”，否则会报错，这是为了与原生元素的标记进行区分。第二个参数是一个构造函数，即自定义元素的逻辑实体。构造函数的命名虽然没有硬性限制，但是建议使用首字母大写的驼峰式命名并且与name的语义保持

1　详见链接 32。

一致。第三个参数仅对扩展原生元素有效，前文提到HTMLElement接口与元素的多对多关系，必须通过extends指定被扩展的原生元素名称。

- 最后创建一个<button>元素，将它的 is 属性赋值为“my-button”，如代码 4-3 中 HTML 部分所示。此时单击这个按钮后，浏览器将会出现一个“Hello my-button”的弹窗提示。至此便完成了对<button>元素的功能扩展。

**新建独立元素**

大多数HTML原生元素的划分均面向细粒度层面，功能单一并且有很强的组合性。在实际工作中，往往需要将多种HTML原生元素封装为一些功能更丰富的组件，比如弹框组件Dialog、导航组件Navigator等，这些组件被称为业务组件[1]。业务组件可以抽象为一个独立元素，它有自己的标签、样式和逻辑，不同于任何原生元素。接触过React或Vue等类似框架的开发者应该对此不陌生，React/Vue将一个业务组件进行封装后可以使用类似HTML标签的语法声明，并且组件的数据可以通过标签属性传入组件内部。使用自定义元素API创建一个独立元素的模式与之类似，代码 4-4 和代码 4-5 分别为独立元素<circular-ring>的创建和声明方式，最终的视觉表现为一个半径为 50px、宽 2px的外圈为红色、内圈为黄色的圆环。类CircularRing内部的this指向<circular-ring>对应的DOM，可以直接使用DOM API，如getAttribute和innerHTML。connectedCallback()方法在<circular-ring>被插入HTML文档之后执行，获取属性后创建CSS和结构，最终在文档中的结构如代码 4-6 所示。

**代码 4-4**

```
class CircularRing extends HTMLElement{
  constructor(){
    super();
  }
  connectedCallback() {
    const size = this.getAttribute('radius')*2;
    const innerColor = this.getAttribute('inner-color');
    const borderColor = this.getAttribute('border-color');
    const borderWidth = this.getAttribute('border-width');
```

1 本章后续将详细讲解组件类型的划分规则。

```
    const styles = `
      width:${size}px;
      height:${size}px;
      box-sizing: border-box;
      background-color:${innerColor};
      border-radius:50%;
      border:solid ${borderWidth}px ${borderColor};
    `;
    this.innerHTML = `<div style='${styles};'></div>`;
  }
}

customElements.define('circular-ring', CircularRing);
```

**代码 4-5**

```
<circular-ring radius='50' border-width='2' border-color='red' inner-color
='yellow'>
</circular-ring>
```

**代码 4-6**

```
<circular-ring radius="50" border-width="2" border-color="red"
     inner-color ="yellow">
  <div style="width:100px; height:100px; box-sizing:border-box;
background-color:yellow; border-radius:50%;border:solid 2px red;"></div>
</circular-ring>
```

细心的读者可能会发现，上述代码所描述的创建和声明自定义元素的流程中存在一个问题：<circular-ring>标签被直接写在 HTML 文档中，index.js 被置于文档末尾，浏览器在 customElements.define 之前并不认识<circular-ring>标签，那么在 index.js 被加载和执行完成之前的时间内是什么视觉效果呢？

在 customElements.define 之前，<circular-ring>标签不会有任何视觉反馈，也没有默认的样式，因为浏览器不认识它。所以在网络情况不佳的情况下，页面的视觉变化是，在

index.js 执行完成之后突然出现一个圆环，并且可能影响到页面中的其他布局。解决这个问题的思路本质上与第 2 章中提到的 CSR 骨架页面相似：在 index.js 加载完成之前添加 loading 状态，从而中和突兀的视觉效果。

目前大多数主流浏览器对不认识的HTML标签的处理方式都比较人性化，不会把非法标签删除也不会抛出任何错误或警告，只是将其视为一个普通标签解析。不仅可以使用 document.querySelector('circular-ring')获取到<circular-ring>，还可以使用CSS标签选择器对其应用样式。这样的机制为我们对自定义元素添加loading状态提供了技术支撑。除此之外，CSS3 中新增的:defined伪元素选择器[1]代表自定义元素被注册后的状态，我们可以使用:not 伪元素选择器实现反向选择，如代码 4-7 所示。

**代码 4-7**

```
circular-ring:not(:defined)::after{
  display: block;
  content: '';
  width: 100px;
  height: 100px;
  background-color: #dddddd;
}
```

以上 CSS 的效果是，在 index.js 执行完成之前，<circular-ring>标签表现为一个灰色的正方形，这样可以在一定程度上中和圆环突然出现造成的突兀视觉效果。当然，这并不是一种完美的解决方案，与 CSR 使用骨架页面作为 loading 状态的方案相似，因为 loading 状态的正方形尺寸是固定的，而<circular-ring>的半径是可定制的，在两者不统一的情况下仍然会影响页面中其他元素的布局。但是与骨架页面不同的是，这个问题主要存在于自定义元素被静态声明（即标签直接写在 HTML 文档中）时，对动态声明（即使用 document.createElement 声明）没有影响。可以借助构建工具在构建阶段将静态声明的自定义元素尺寸编译到 CSS 中，从而实现 loading 状态与真实状态尺寸的统一。

1 参见链接 33。

### 生命周期

生命周期这个概念来源于生物学，本意是描述一个生命体从出生到死亡的完整过程，如今其含义被引申到经济、政治以及软件开发等领域。React/Vue/Angular 等框架的组件均有完整的生命周期，并且在生命周期的里程碑阶段暴露出相应的钩子函数以便于开发者编写有针对性的处理逻辑。虽然每个框架对组件生命周期都有一些独特的设计，但均一定程度上借鉴了 Web Components 规范。需要注意的是，组件或元素的生命周期并非是绝对线性的，甚至有时也并非是完整的。比如异步加载图片时临时创建的 Image 对象仅存在于内存中，而不会与 document 建立关联。图 4-3 展示的是一个 HTML 自定义元素的完整生命周期，包括以下几个钩子函数。

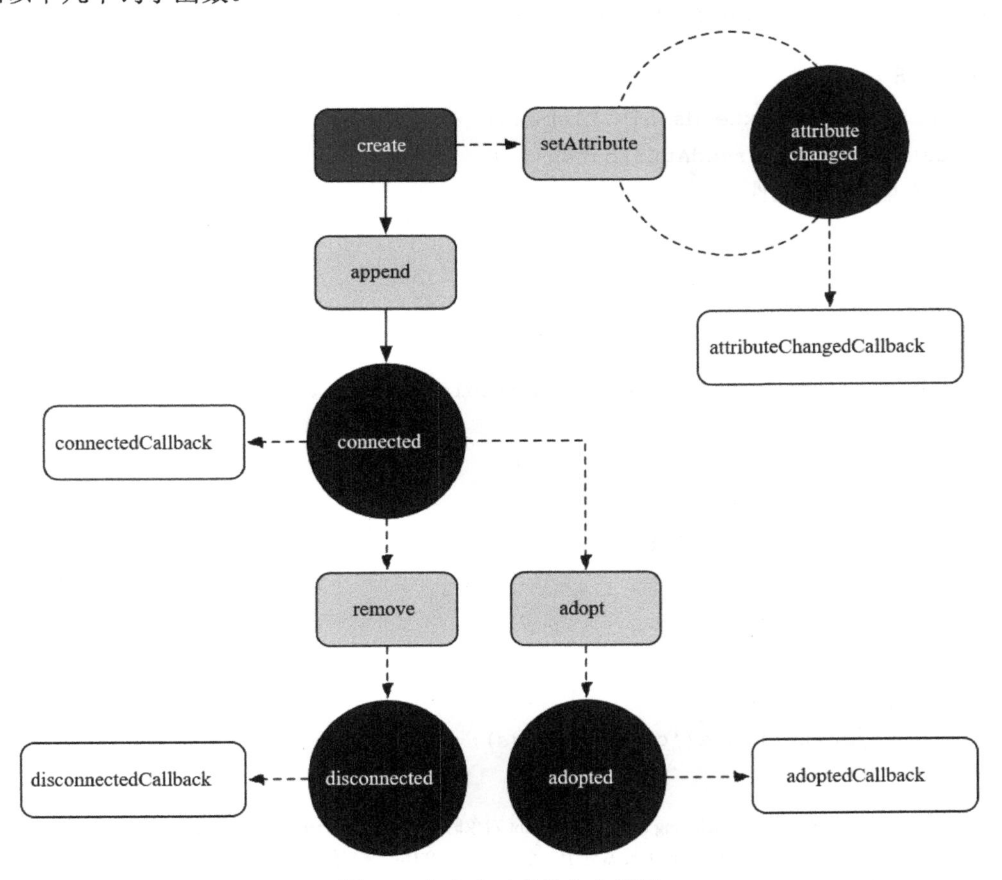


图4-3　自定义元素的生命周期

- connectedCallback：当元素被加入HTML文档后，即与document建立连接进入connected状态[1]后被一次性触发。
- disconnectedCallback：与 connectedCallback 相反，当元素被从 HTML 文档中删除进入 disconnected 状态后被一次性触发。
- attributeChangedCallback：监听元素属性的变化，每次改变后均被触发。
- adoptedCallback：元素被从当前document移动到其他document后被触发[2]，比如把iframe中的元素移到主文档中。

为了更便于理解自定义元素的生命周期，我们通过一个稍微复杂的例子加以说明。代码 4-8 创建了一个自定义元素<my-dialog>，对应 Dialog 组件。

**代码 4-8**

```
class MyDialog extends HTMLElement{
  static get observedAttributes() {
    // 监听name属性
    return ['name'];
  }
  constructor(){
    super();
    this._close = this._close.bind(this);
  }
  get open() {
    if(this.hasAttribute('open')){
      return JSON.parse(this.getAttribute('open'));
    }
    return false;
  }
  set open(status) {
    this.setAttribute('open',status);
```

1 准确地说，当一个元素的 shadow-including root 是 document 对象时便进入 connected 状态。shadow-including root 可以理解为元素的根节点。作为区分，DocumentFragment 元素处于一个独立于主文档的树形结构中，其根节点并非是 document。具体可参考 HTML 规范，参见链接 34。

2 参见链接 35。

```
}
get name(){
  return this.getAttribute('name')||'';
}
set name(val){
  this.setAttribute('name',val);
}
attributeChangedCallback(name, oldVal, newVal, namespace) {
  console.log(`${name} changed`);
}
connectedCallback() {
  console.log('connectedCallback');
  const title = this.getAttribute('title');
  const content = this.getAttribute('content');
  this.innerHTML = `<div class='my-dialog__wrapper'>
    <div class='my-dialog__head'>
      <button class='my-dialog__close'>&times;</button>
      <h2 class='my-dialog__title'>${title}</h2>
    </div>


    <div class='my-dialog__body'>
      <div class='my-dialog__content'>${content}</div>
    </div>
  </div>`;
  this.$closeBtn = this.querySelector('.my-dialog__close');
  // 关闭按钮添加click监听
  this.$closeBtn.addEventListener('click',this._close,false);
}
disconnectedCallback(){
  console.log('disconnectedCallback');
  // 清除click事件监听
  this.$closeBtn.removeEventListener('click',this._close);
}
adoptedCallback(oldDocument,newDocument){
```

```
    console.log('adoptedCallback');
  }
  _close(ev){
    ev.stopPropagation();
    if (this.open) {
      this.open = false;
    }
  }
}

customElements.define('my-dialog', MyDialog);
```

以及代码 4-9 所示的CSS[1]。

**代码 4-9**

```
my-dialog{
  display: none;
}
my-dialog[open='true']{
  display: block;
}
```

随后再添加一些控制 Dialog 的外层逻辑，如代码 4-10 所示。

**代码 4-10**

```
<button class='btn' id='btn-open-dialog'>Open Dialog</button>
<button class='btn' id='btn-change-name'>Change Dialog Name</button>
<button class='btn' id='btn-remove-dialog'>Remove Dialog</button>
<button class='btn' id='btn-adopt-dialog'>Adopt Dialog</button>
<iframe frameborder="0" id='ifr'></iframe>
<script src="index.js"></script>
<script>
    let $dialog = null;
    const $btn_open_dialog = document.getElementById('btn-open-dialog');
```

1 限于篇幅只列出关键 CSS 代码，其他细节样式请参看 demo 源码。

```
    const $btn_remove_dialog = document.getElementById('btn-remove-dialog');
    const $btn_adopt_dialog = document.getElementById('btn-adopt-dialog');
    const $btn_change_name = document.getElementById('btn-change-name');
    const $ifr = document.getElementById('ifr');

    $btn_open_dialog.addEventListener('click',ev=>{
      if(!$dialog){
        createDialog();
      }
      $dialog.open = true;
    },false);

    $btn_remove_dialog.addEventListener('click',ev=>{
      $dialog.parentNode.removeChild($dialog);
      $dialog = null;
    },false);

    $btn_adopt_dialog.addEventListener('click',ev=>{
      const $el = document.adoptNode($dialog);
      $ifr.contentWindow.document.body.appendChild($el);
    },false);

    $btn_change_name.addEventListener('click',ev=>{
      $dialog.name = Math.random();
    },false);

    function createDialog(){
      $dialog = document.createElement('my-dialog');
      $dialog.setAttribute('title','My Dialog Title');
      $dialog.setAttribute('content','My dialog content');
      $dialog.setAttribute('name',Math.random());
      document.body.appendChild($dialog);
    }
</script>
```

- 首次单击 Open Dialog 按钮后会创建一个 my-dialog 实例，设置它的 title、content 和 name 属性，并将其注入 body 节点，控制台输出“name changed”和

“connectedCallback”。从打印结果可以得出两个结论：第一，元素的所有属性默认不被监听，只有加入静态函数 observedAttributes 列表中的属性才会被监听；第二，一旦元素被创建就会监听其属性变化，不必等待其被注入文档。

- 每次单击 Change Dialog Name 按钮都会触发 attributeChangedCallback，此函数是在属性被改变之后而非之前触发的。
- 单击 Remove Dialog 按钮后（需首先单击 Open Dialog 按钮），<my-dialog>元素从文档中被移除，触发 disconnectedCallback。在这个函数中可以添加一些触发 GC 的逻辑，比如代码 4-8 中移除了关闭按钮的事件监听。
- 单击Adopt Dialog按钮后（需首先单击Open Dialog按钮），<my-dialog>元素从当前文档中被移除，并且注入iframe所在的文档，控制台输出“disconnectedCallback”、“adoptedCallback”和“connectedCallback”。而如果在$btn_adopt_dialog的响应函数中删除第二行（即注入iframe的逻辑）的话，再次观察控制台输出，则仅有“disconnectedCallback”一条结果。从中我们可以得出结论：document.adoptNode($dialog)将$dialog元素从当前文档移除后，$dialog将进入disconnected状态。直到被注入iframe之后，$dialog元素在当前文档内的状态变为adopted，在iframe文档内的状态变为connected[1]。

在上例中，单击 Adopt Dialog 按钮后，<my-dialog>元素被注入 iframe 之后样式乱作一团，而且单击关闭按钮后没有任何响应。这是因为 iframe 中只是“领养”了<my-dialog>元素的 HTML 结构，CSS 和 JavaScript 代码全部留在了旧文档中。即使不考虑 adopt 这种应用场景较少的行为，<my-dialog>元素的 HTML 结构和 CSS 代码直接暴露在全局内，也很有可能会受到与它无关的 CSS 代码影响，从而造成样式混乱。这些问题的症结其实很明显：自定义元素缺少与全局隔离的命名空间。

### 4.2.2 Shadow DOM

Shadow DOM可以创建一个与全局隔离的独立作用域，全局作用域和独立作用域的CSS

1 关于 adopt 行为的具体细节请参考链接 36。

和JavaScript互不影响。听上去有些类似iframe，两者均可用于作用域的隔离和封装。区别[1]是iframe封装了一个完整的执行上下文，而Shadow DOM封装了一个较轻量的局部作用域。Shadow DOM所在的子树作为全局DOM Tree的一部分被称为Shadow Tree，如图 4-4 所示。

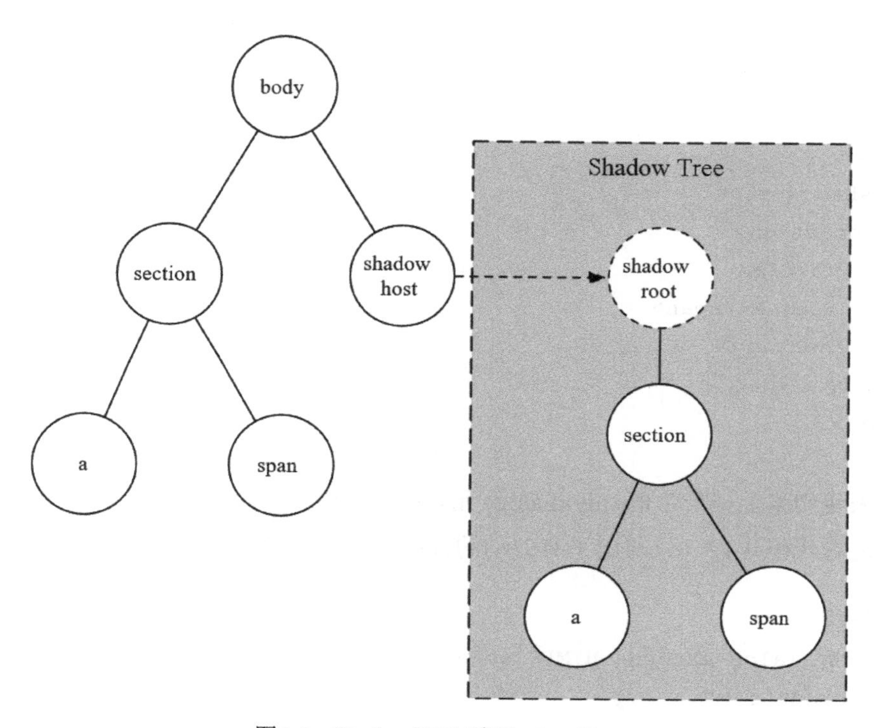


图4-4 Shadow DOM和Shadow Tree

作为对比，在全局作用域内的DOM称为Light DOM[2]，其共同组成的树形结构被称为Light Tree[3]。图 4-4 中虚线处的shadow root是一个抽象概念，并非实体元素，其上层的shadow host对应Light Tree中的一个具体元素，比如一个div或一个section。图 4-4 的结构对应代码 4-11 所示的伪代码。

1 事实上在几年前，iframe 曾一度被广泛应用于编写公共组件和第三方插件，直至今日仍然有很多第三方插件需要借助 iframe。Shadow DOM 是否借鉴了 iframe 我们不得而知，但两者确实有很多相似之处。

2 作为与 shadow 的对比，这里的 light 被理解为光，light 与 shadow 即光和暗。

3 参见链接 37。

**代码 4-11**

```
<body>
  <section>
    <a></a>
    <span></span>
  </section>
  <div>
    #shadow-root
      <section>
        <a></a>
        <span></span>
      </section>
  </div>
</body>
```

接下来我们将上一节中的<my-dialog>元素改造为Shadow DOM模式，尝试解决样式隔离问题，请看代码 4-12（只写出了有改动的代码，全部细节请参见demo源码[1]）。

**代码 4-12**

```
class MyDialog extends HTMLElement{
  constructor(){
    super();
    this._style = `
    .my-dialog__close{}
    .my-dialog__close:focus{}
    .my-dialog__wrapper{
      background-color: #ffffff;
      position: fixed;
      top: 50%;
      left: 50%;
      transform: translate(-50%,-50%);
      padding: 0 20px;
```

1 参见链接 38。

```
      border: solid 1px #000000;
      border-radius: 2px;
      overflow: hidden;
      display: none;
    }
    .my-dialog__wrapper[open='true']{
      display: block;
    }
    .my-dialog__head{}
    .my-dialog__content{}`;
    // 添加Shadow Dom
    this._shadowRoot = this.attachShadow({mode: 'open'});
    this._close = this._close.bind(this);
  }
  get open() {
    if(this.$wrapper&&this.$wrapper.hasAttribute('open')){
      return JSON.parse(this.$wrapper.getAttribute('open'));
    }
    return false;
  }
  set open(status) {
    this.$wrapper.setAttribute('open',status);
  }
  connectedCallback() {
    console.log('connectedCallback');
    const title = this.getAttribute('title');
    const content = this.getAttribute('content');
    this._shadowRoot.innerHTML = `
    <style>${this._style}</style>
    <div class='my-dialog__wrapper' open=${this.open}>
      <div class='my-dialog__head'>
        <button class='my-dialog__close'>&times;</button>
        <h2 class='my-dialog__title'>${title}</h2>
      </div>
```

```
      <div class='my-dialog__body'>
        <div class='my-dialog__content'>${content}</div>
      </div>
    </div>`;
    this.$wrapper = this._shadowRoot.querySelector('.my-dialog__wrapper');
    this.$closeBtn = this._shadowRoot.querySelector('.my-dialog__close');
    // 为关闭按钮添加click监听
    this.$closeBtn.addEventListener('click',this._close,false);
  }
}
```

- 当attachShadow的参数mode为true时返回一个ShadowRoot对象[1]，它是一个Document-Fragment，可以使用绝大多数的DOM API，比如上述代码中的querySelector和innerHTML。
- 被改造前，<my-dialog>元素的 CSS 代码被注入<head>，即全局作用域内；HTML 结构被注入<my-dialog>节点。改造之后的CSS 和HTML结构均被注入<my-dialog>的 ShadowRoot 中。
- 将原本<my-dialog>节点的属性 open 迁移到 classname 为 my-dialog__wrapper 的节点上，用于控制 Dialog 组件的显示和隐藏状态。

此时再单击 Adopt Dialog 按钮，发现被移到 iframe 的<my-dialog>元素仍然保持了原本的样式，并且单击关闭按钮可以如期隐藏组件。

行至此时，我们实现了<my-dialog>元素结构、表现和行为的定制以及作用域的封装，Dialog 组件具备了正常工作的所有前提。唯一的问题是，CSS 代码和 HTML 结构混杂在 MyDialog 类的内部逻辑中，这些长字符串令代码过于臃肿，缺乏良好的可读性和可复用性。<my-dialog>元素的样式和结构都非常简单，即使代码稍显混乱也还可以接受，对于更复杂的组件，其代码的臃肿程度实在难以想象。这时，Web Components 的第三项技术 HTML template 便派上了用场。

1 参见链接 39。

### 4.2.3　HTML template

前端开发者应该非常熟悉 HTML template 这个概念，不论是 Pug、Swig 等服务端渲染模板还是 Mustache、Handlebars 等客户端模板。简单来说，HTML template 是一个有既定格式的处理器，输入数据输出 HTML 字符串。HTML 新增的<template>元素的作用同样如此。在 HTML 文档中声明一个<template>以及它的内容，如代码 4-13 所示。

**代码 4-13**

```
<template id="tpl">
  <img src="demo.png" alt="demo"/>
  <sapn>demo</span>
</template>
```

<template>元素是惰性的，表现在以下几个方面。

- <template>元素自身以及其内部的所有元素均不会被渲染，视觉上不可见。使用浏览器的开发者工具会发现，<template>的默认样式仅有"display:none;"，其内部元素被一个 DocumentFragment 包裹，没有任何样式。
- <template>内部的所有元素在被激活之前不会被解析、图片不会被加载、audio 和 video 不会被播放、JavaScript 脚本不会被执行。
- <template>内部的所有元素均不存在于文档空间内，无法使用 document.querySelector 获取它们。

以上规则并不难理解，类比常规的HTML模板引擎（比如Pug），在没有任何输入时，模板处理器本身没有任何HTML语义，只有给予它数据（激活）才能够得到有真实语义的HTML片段。使用importNode或cloneNode[1]激活<template>之后，其内部的元素便被转化为HTML实体，从而被解析和渲染。与常规HTML模板引擎不同的是，<template>只是静态的样板结构，没有任何逻辑处理能力，主要依赖引用它的外部逻辑实现数据到结构的转换。

1　importNode 的作用是从其他 document 中导入节点，cloneNode 的作用是从当前 document 中克隆节点。不过，DOM4 规范将两者的作用进行了统一，在使用和底层机制上并无二致。详情请参见链接 40。

接下来我们在上一节的基础上，使用<template>将<my-dialog>元素的 CSS 代码和 HTML 结构从 JavaScript 逻辑中抽离。

首先在 index.html 中编写一个<template>标签，其内部为<my-dialog>元素的 CSS 和 HTML 结构，如代码 4-14 所示（只展示主要代码）。

**代码 4-14**

```
<template id='my-dialog-tpl'>
    <style>
      // …
    </style>
    <div class='my-dialog__wrapper'>
      <div class='my-dialog__head'>
        <button class='my-dialog__close'>&times;</button>
        <h2 class='my-dialog__title'></h2>
      </div>
      <div class='my-dialog__body'>
        <div class='my-dialog__content'></div>
      </div>
    </div>
  </template>
```

然后改造类 MyDialog 的 connectedCallback 函数，如代码 4-15 所示。

**代码 4-15**

```
connectedCallback() {
    this._tpl = document.querySelector('#my-dialog-tpl');
    // 将模板结构注入shadowRoot
    this._shadowRoot.appendChild(document.importNode(this._tpl.content,
true));
    const title = this.getAttribute('title');
    const content = this.getAttribute('content');
    if(title){
      const titleNode = document.createTextNode(title);
```

```
        this._shadowRoot.querySelector('.my-dialog__title').appendChild
(titleNode);
      }
      if(content){
        const contentNode = document.createTextNode(content);
        this._shadowRoot.querySelector('.my-dialog__content').appendChild
(contentNode);
      }
      this.$wrapper = this._shadowRoot.querySelector('.my-dialog__wrapper');
      this.$wrapper.setAttribute('open',this.getAttribute('open'));
      this.$closeBtn = this._shadowRoot.querySelector('.my-dialog__close');
      this.$closeBtn.addEventListener('click',this._close,false);
  }
```

importNode 函数的第二个参数的作用是指定导入方式是浅克隆还是深克隆，值为 true 时将导入<template>内部的所有子元素。经过改善之后，组件 Dialog 基本实现了结构、表现和行为的分离，代码的可读性进一步增强。不过截至目前，组件 Dialog 的数据都是通过<my-dialog>标签的属性进行传递的，这种传递方式适用于体量较小的键值对类型的数据。如果值是一个非常长的字符串，不仅影响代码的美观性，也容易造成写错一个字母这类低级错误。熟悉 Vue 的开发者想必非常喜欢 slot 机制，借助<slot>标签可以自定义对应位置的 HTML 结构和样式。Web Components 规范中同样有 slot 机制，更准确地说应该是 Vue 的 slot 在一定程度上借鉴了 Web Components 规范。接下来，我们继续完善 Dialog 组件，用<slot>增强它的扩展性。

**扩展组件**

Web Components 规范的 slot 与 Vue 的 slot 在使用方法上基本一致：在模板中使用<slot>标签占位，如果有 name 属性则称其为具名 slot；自定义的 HTML 结构通过 slot 属性指定具名 slot 取代其占位。代码 4-16 在代码 4-14 的基础上增加两个 slot：

- title 用于自定义 Dialog 标题。
- content 用于自定义 Dialog 内容。

**代码 4-16**

```
<template id='my-dialog-tpl'>
  <style>
    // …
  </style>
  <div class='my-dialog__wrapper'>
    <div class='my-dialog__head'>
      <button class='my-dialog__close'>&times;</button>
      <h2 class='my-dialog__title'>
        <slot name='title'></slot>
      </h2>
    </div>
    <div class='my-dialog__body'>
      <div class='my-dialog__content'>
        <slot name='content'></slot>
      </div>
    </div>
  </div>
</template>
```

然后通过<my-dialog>标签创建一个 Dialog 组件，自定义了 title 和 content 结构，并且为自定义的元素添加 classname 和 CSS 样式，如代码 4-17 所示。

**代码 4-17**

```
// HTML
<my-dialog id="dialog">
  <div slot="title" class="dialog__title">几何建筑</div>
  <section slot="content" class="dialog__content">
    <div class="dialog__content-showcase">
      <img src="./1.jpg" alt="几何建筑" class="dialog__content-img"/>
      <span class="dialog__content-author">Photo by Ricardo Gomez Angel on
Unsplash</span>
    </div>
```

```
        <p class="dialog__content-desc">几何建筑描述几何建筑描述几何建筑描述几何建筑描述几何建筑描述几何建筑描述几何建筑描述几何建筑描述几何建筑描述几何建筑描述几何建筑描述几何建筑描述几何建筑描述几何建筑描述几何建筑描述几何建筑描述几何建筑描述几何建筑描述几何建筑描述几何建筑描述几何建筑描述几何建筑描述几何建筑描述几何建筑描述几何建筑描述几何建筑描述几何建筑描述几何建筑描述几何建筑描述几何建筑描述几何建筑描述几何建筑描述</p>
      </section>
    </my-dialog>

    // CSS
    .dialog__content{display: flex;}
    .dialog__content-showcase{width: 100px;}
    .dialog__content-img{
      width: 100%;
      display: block;
    }
    .dialog__title{
      color: blue;
      font-size: 16px;
      background-color: black;
      color: white;
      height: 40px;
      line-height: 40px;
    }
    .dialog__content-author{
      color: #999;
      font-size: 12px;
      text-align: justify;
      word-break: break-word;
    }
    .dialog__content-desc{
      flex: 1;
      margin: 0;
      padding: 0 10px;
    }
```

定制后的 Dialog 组件效果如图 4-5 所示。

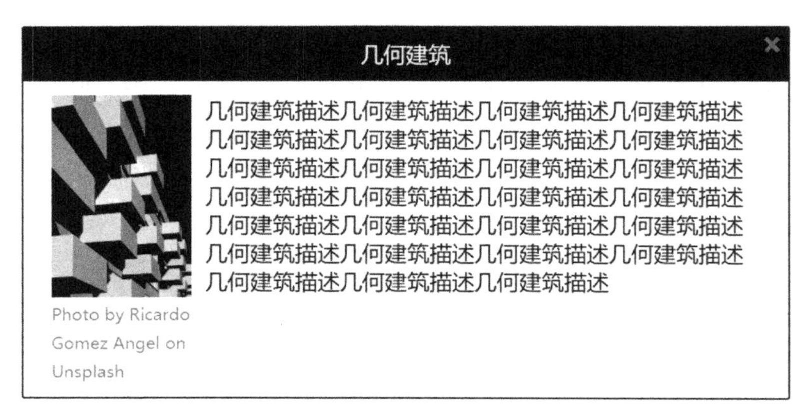


图4-5　示例：Dialog组件视效果

与 Vue 的 slot 不同的是，Web Components 的 slot 占位符与 slot 实体之间是引用关系。slot 实体仍然存在于文档中，并且与组件的 shadow-root 平行。使用浏览器开发者工具查看<my-dialog>元素的结构表现如代码 4-18 的伪代码所示。

**代码 4-18**

```
<my-dialog id='dialog'>
  #shadow-root
    <style>…</style>
    <div class='my-dialog__wrapper' open='true'>
      <div class='my-dialog__head'>
        <button></button>
        <slot name='title'>
           <div> reveal
        </slot>
      </div>
    </div>
  <div slot="title" class="dialog__title">几何建筑</div>
</my-dialog>
```

title 对应的<slot>标签内部的 div，引用的是外层的 slot 实体（即 dialog__title），将鼠标光标移到其上方会显示 reveal 文案，单击后将聚焦到 dialog__title 节点上。

截至目前，Dialog 组件实现了作用域封装以及逻辑与模板的分离，在使用它时引入它的 JavaScript 文件并在 HTML 文档中编写<template>结构就可以使用自定义元素<my-dialog>。接下来我们进一步改善组件源码的组织结构，让外层逻辑使用组件的方式更便捷。

## 4.3　更友好的编码方式

组件是相对独立的、与业务无关的个体，既要具有自治的功能，也要在开发和维护上与业务分离。上一节示例中的 index.html 属于业务层文件，将 Dialog 组件模板<template>置于其中的核心问题在于组件的改动会涉及与之无关的业务文件，两者耦合在一起，违背了分离原则。如果页面中使用大量不同的组件，任何一个组件模板的修改都会引起 index.html 的改动，维护工作的困难性随着组件数量的增长被无限放大。所以，改善组件使用方式的主要目标是将组件的源码和业务代码分离，保证组件源码的自治性，外层业务代码只需要引用一个 JavaScript 文件即可使用对应的组件。同时对于组件本身，基于结构、表现和行为分离的原则，保持其 CSS、JavaScript 和 HTML 代码的相对独立性。

为达到以上目的，同时遵循生产环境中不引入任何第三方框架/工具，以及不改变组件本身逻辑的前提下，分离之后的组件源码必须经过一系列转换逻辑才能够正常工作。这些逻辑可以在运行时执行，但为了提高性能，将转换源码的工作提前到构建阶段。也就是说，我们需要一个编译器，不妨将其称为 compile.js。另外，根据自定义元素模板的工作原理，在调用 customElements.define 之前，<template>元素必须已经存在于 HTML 文档之中，因此还需要一个能够在运行时将<template>元素注入的 HTML 文档的辅助函数 runtime.js。所以，项目涉及的所有文件可以归类为 5 个角色：组件的源码文件、组件编译后的文件、编译器 compile.js、运行时 runtime.js 以及外层业务文件，它们的关联如图 4-6 所示。

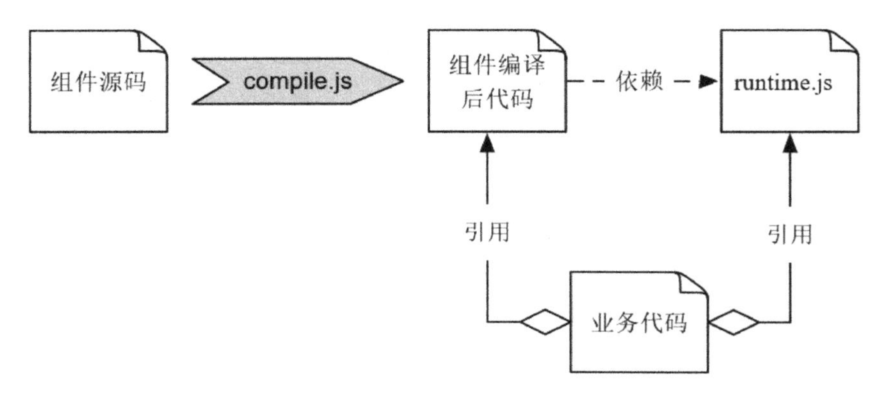


图4-6　组件运行模式

组件源码的组织结构可以按照文件的类型和数目分为以下两类。

- 多文件组件：多文件是最普遍也是相对古老的组件结构模式，代码 3-2 所示的 PHP 代码中的 header 和 footer 就是典型的多文件组件，即 CSS、JavaScript 和 HTML 模板分别为独立的文件。在目前流行的前端框架中，Angular 的组件结构也是多文件的。
- 单文件组件：All-in-JS是单文件组件的核心开发模式，React和Vue均支持使用JSX[1]将JavaScript、CSS和HTML汇总在一个文件中编写，同时Vue还支持类似Mustache的模板语法。

接下来，我们在 4.2.3 节示例代码的基础上分别将 Dialog 组件改造为多文件模式和类似 Vue 的单文件模式，同时编写对应的 compile.js 和 runtime.js。

## 4.3.1　多文件组件[2]

Dialog 组件多文件模式的改造方式为：保持组件 JavaScript 逻辑 my-dialog.js（即 4.2.3 节示例中的 index.js）不变，分别将其 CSS 和 HTML 模板分离为 my-dialog.css 和 my-dialog.tpl，如下所示：

1　参见链接 41。

2　本小节示例的完整代码参见链接 42。

```
├── my-dialog.css
├── my-dialog.js
└── my-dialog.tpl
```

需要注意的是，my-dialog.tpl 的代码是 Dialog 组件模板<template>内部的 HTML 结构，不包括<template>元素本身，如代码 4-19 所示。

**代码 4-19**

```
<div class='my-dialog__wrapper'>
  <div class='my-dialog__head'>
    <button class='my-dialog__close'>&times;</button>
    <slot name="title"></slot>
  </div>
  <div class='my-dialog__body'>
    <div class='my-dialog__content'>
      <slot name="content"></slot>
    </div>
  </div>
</div>
```

改造后组件的理想使用方式是令 index.html 引用组件编译后的单个 JavaScript 文件，这个 JavaScript 文件的工作包括两部分：

1. 将<template>注入 HTML 文档。
2. 执行自定义元素注册逻辑。

由于 CSS 代码和 HTML 结构是分离的，同时 CSS 代码对应的<style>元素必须是<template>的一部分，所以第一步又可以拆分为两步：

1. 将 CSS 代码对应的<style>元素注入<template>。
2. 将<template>注入 HTML 文档。

以上工作均可以抽离为与组件无关的公共函数，即前文提到的 runtime.js，我们将此公共函数命名为 initComponent，如代码 4-20 所示。

**代码 4-20**

```
/**
 * @function initComponent 初始化组件
 * @param {string} name 组件名称
 * @param {Object} data
 * @param {string} data.template 组件模板结构
 * @param {string} data.style 组件CSS代码
 * @param {string} data.script 组件JavaScript代码
 */
function initComponent(name,data){
  const {template,style,script} = data;
  // 创建并填充<template>
  const $template = document.createElement('template');
  $template.setAttribute('id',`${name}-tpl`);
  $template.innerHTML = `<style>${style}</style>${template}`;
  // 注入HTML文档
  document.body.appendChild($template);
  // 执行JavaScript逻辑
  eval(script);
}
```

明确了 runtime.js 功能之后，编译器 compile.js 的功能便一目了然了：将 css/js/tpl 三个文件的内容以字符串的形式组合在一起，并调用 initComponent()函数，如代码 4-21 所示。

**代码 4-21**

```
function readFile(path){
  return new Promise((resolve,reject)=>{
    fs.readFile(path,'utf-8',(err,data)=>{
      if(err) {reject(err);}
      resolve(data);
    });
  })
```

```
}

const readFiles = [
  readFile(sourceJSFileName),
  readFile(sourceCSSFileName),
  readFile(sourceTplFileName)
];

Promise.all(readFiles).then(list=>{
  const [script,style,template] = list;
  return {script,style,template};
}).then(data=>{
  return `initComponent("${componentName}",${JSON.stringify(data)})`;
}).then(content => {
  fs.writeFile(distFileName,content,err=>{
    if(err) {throw err;}
    console.log('编译完成\n');
  });
}).catch(err=>{throw err;});
```

编译产出的 my-dialog.js 的结构如代码 4-22 所示。

**代码 4–22**

```
initComponent('my-dialog',{
  'style':'',
  'script':'',
  'template':''
});
```

最后在 index.html 中依次引入 runtime.js 和编译产出的 my-dialog.js 即可，参见代码 4-23。

**代码 4–23**

```
<script src="runtime.js"></script>
<script src="dist/my-dialog.js"></script>
```

## 4.3.2 单文件组件[1]

将 Dialog 组件源码改造为类似 Vue 的单文件组件模式的大致方法为：在单个文件中将组件的 JavaScript、CSS 和 HTML 代码分别独立为平行的<script>、<style>和<template>标签。这个文件的语法与 HTML 类似，可以将其后缀类型修改为.html，这样可以令 IDE 对代码高亮显示。此处我们为了与其他文件类型进行区分，给它一个独特的后缀类型 my-dialog.component，如代码 4-24 所示。

**代码 4-24**

```
<template>
// 组件HTML结构
</template>

<script>
// 组件JavaScript代码
</script>

<style>
// 组件CSS代码
</style>
```

runtime.js 与多文件组件完全相同，compile.js 则需要做一些调整，基本思路是：

- 读取 my-dialog.component 内容文本。
- 然后分别提取<script>、<style>和<template>标签的内容。
- 最后组合为与多文件组件编译产出文件相同结构的内容，并写入 dist/my-dialog.js。

为了提高第二步的准确率，我们使用jsdom[2]将my-dialog.component内容文本转化为document对象，然后使用DOM API获取<script>、<style>和<template>标签的内容。如代码 4-25 所示。

1 本小节示例的完整代码参见链接 43。

2 可在 Node.js 环境下使用 DOM API 的工具，详情请参见链接 44。

**代码 4-25**

```
const { document } = (new jsdom.JSDOM(data)).window;
const script = document.querySelector('script');
const template = document.querySelector('template');
const style = document.querySelector('style');

return {
  template: template.innerHTML,
  script: script.innerHTML,
  style: style.innerHTML
};
```

最终编译产出的 dist/my-dialog.js 与多文件组件的编译产出完全一致。

> 上述示例对 Dialog 组件源码结构的改造均仅对三种代码类型进行了重新组合，而未对其进行深入的关联，比如 React/Vue 将模板与数据进行绑定。此处的用途是在不借助其他架构、仅使用原生 Web Components 技术的前提下思考改进开发模式和提升效率的方法。

虽然目前浏览器对 Web Components 规范的实现程度尚不理想，短期内无法得到生产环境的广泛普及，但 Chrome、Firefox 等主流浏览器的最新版本已经开始提供支持，未来可期。其实除了现实意义以外，Web Components 规范更重要的是它在前端组件化理论上的里程碑意义。以此为引导，原本混沌的前端组件化有了相对统一的方向，开发者可围绕 Web Components 的设计模式进行深度探索和思考。

## 4.4 设计模式

称 Web Components 规范是一项革命性的技术并不为过，然而单纯以它目前包含的技术而言，即使不考虑浏览器的兼容性，离满足复杂组件化架构的需求仍然很遥远。在令人惊艳的技术表象背后，Web Components 规范的核心仍然是围绕 DOM 展开的，数据传递依靠

DOM 的属性，Shadow DOM 和<template>本质上也是 DOM。那么自然而然地具有 DOM 的一些特性和限制：

- DOM 属性只能传递 String 类型的数据。
- 浏览器无法理解自定义元素的语义和内容模型[1]。

其实目前 Web Components 最佳的应用场景是对原生 HTML 元素进行渐进增强，既不会破坏原有的特性，同时保留了明确的语义。对于复杂的业务组件，Web Components 现有的特性尚难以支撑，况且作为 Web Components 核心的 DOM 操作是最消耗性能的行为之一。

总体来说，Web Components 足够令人振奋，但仍存在不足，或者更准确地说仍未彻底解决前端开发中的痛点。它的正反两面性对组件的设计模式均有积极的引导意义：从反面，重新思考如何更合理地操作 DOM；从正面，借鉴其生命周期的设计理念，探索更优雅的模式。

### 4.4.1 重新思考 DOM

可能一部分前端开发者曾经陷入这样的误区：网站的性能损耗主要来自 JavaScript。之所以称之为误区并不是说这句话本身是错误的，而是因为它未声明具体应用场景作为前提。对于计算密集型的 WebGL 图形应用程序，为提高性能必须遵循的一条准则是尽可能地将计算交给 GPU，相同量级的计算量如果在 CPU 中进行的话必然从性能表现上远逊于 GPU。在这样的应用场景下说性能损耗主要来自 JavaScript 并无不妥，因为此时性能主要取决于 JavaScript 引擎计算能力的上限。然而对于数据较少、DOM 操作频繁的应用程序而言，其性能的损耗主要来自 DOM 操作，JavaScript 在其中的角色只是 API 的调用者，计算量远没有触及 JavaScript 引擎计算能力的天花板。所以在此场景下，“性能损耗主要来自 JavaScript”这句话更准确的表述应该是“性能损耗主要由 JavaScript 调用 DOM API 引起”。

前端开发者为减少DOM操作引起的性能损耗进行过很多尝试，一个被广泛普及的观点是利用浏览器执行帧[2]机制，尽可能批量处理对DOM API的调用，从而将DOM操作集

1 每个 HTML 元素都具有一个或多个类型的内容模型（content model）。内容模型可以理解为语义的一部分，辅助浏览器定义元素的样式和行为。详见链接 45。

2 浏览器每个执行帧间隔约为 16ms，这 16ms 之内的所有逻辑将被汇总执行。

中到一帧，进而减少浏览器的重绘、重排等性能损耗较高的行为。除了这种具体的代码编写细节之外，还有一些从架构模式层面进行的综合优化方案，比如使用Virtual Scrolling提高长列表滚动性能[1]、借助Canvas取代其他DOM以减少DOM数量[2]等。其中最值得一提的是，跟随React同时被人熟知的虚拟DOM（Virtual DOM，简称VDOM），也是目前[3]前端社区较流行的DOM操作模式。VDOM将每个DOM映射为内存中一个称为Virtual DOM的JSON对象，DOM Tree映射为Virtual Tree。在需要改变DOM属性或者本身之前，使用高效的diff算法对比Virtual Tree当前版本和即将更新的版本之间的差异，最后将其应用于真实的DOM中。

VDOM并非没有DOM操作，而是尽可能减少不必要的DOM操作。这种模式被很多前端组件化框架采用，如React和Vue。Angular使用了一种称为Incremental DOM[4]（增量DOM）的技术，本质上也是以减少DOM操作为目的。以上所述，均是在以目前的前端和浏览器技术无法避免DOM操作引起的性能损耗的前提下，从架构模式的角度思考如何更合理地减少DOM操作的频率，将性能的损失控制到最小。

## 4.4.2 生命周期的设计艺术

即使短时间内无法在生产环境中直接使用 Web Components 的相关技术，自定义元素对生命周期的设计也为开发者设计组件提供了正面的指导意义，尤其是里程碑的设计和钩子函数的命名技巧。

自定义元素生命周期的里程碑对应的钩子函数可以简单归为两种：仅触发一次和可多次触发。从命名上，钩子函数均使用过去式，如 connectedCallback 和 disconnectedCallback，代表钩子函数在里程碑阶段的逻辑执行完毕之后才被调用。这是一种非常易理解的命名方式。由于 JavaScript 的单线程特性，无法在某段逻辑正在进行的时候同时处理其他逻辑，只能将其执行之前或者之后作为组件声明周期的里程碑。所以钩子函数的命名决不能使用

1 参见链接 46。

2 参见链接 47。

3 本书编写时间为 2019 年。

4 参见链接 48。

正在进行时（比如 connecting），只能使用将来式（如 beforeConnect/willConnect）代表前置钩子和过去式（afterConnect/didConnect）代表后置钩子。在此基础上，不同的框架又有各自的方法论，比如 Vue 使用“before+动词”代表前置钩子、动词的过去时代表后置钩子，而 React 则使用 did、will 等有时态语义的“助动词+动词”组合。

值得一提的是DOM自身的一些钩子函数，比如onload、onerror等，这些函数在对应事件完成之后被触发，也就是过去式。但是单纯从函数名称的理解上存在一些歧义[1]，不论是把load/error理解为动词还是名词，“on+动词”和“on+名词”均代表正在进行时，而不是过去时。当然也有一些时态比较明确的，比如beforeUnload。

## 4.5 总结

不论是组件化还是模块化，核心的理念都是解耦和复用。虽然组件与模块两者在粒度划分上存在一定歧义，但尚不至于影响到实际开发工作。本书将组件理解为比模块更细粒度的片段。

Web Components 规范包括三种核心技术：自定义元素、Shadow DOM 和 HTML <template>。既支持渐进增强 HTML 原生元素，也可以自定义结构、表现和行为完全独立的新元素。在规范公布之前，前端组件化并没有统一的模式和方向，虽然以目前的浏览器支持程度而言，Web Components 规范尚不能大规模应用到生产环境中，但它对前端组件化的引导意义远大于现实意义。一方面，Web Components 规范为前端组件化制定了相对统一的模式和方向；另一方面，自定义元素的生命周期理念也为组件的设计提供了优秀的参考。

1 此处仅为作者个人观点，可能 DOM 规范工作组有一套自成体系的理念，只是作者本人尚未理解透彻。

# 第 5 章
# 前后端分离

要想创建出能够处理复杂任务的程序，需要把不同的关注点分开考虑，使设计中的每个部分都得到单独的关注。在分离的同时，也需要维持系统内部复杂的交互关系。

——摘自《领域驱动设计：软件核心复杂性应对之道》

前后端分离是面向对象思想中关注点分离原则的一种实践模式，是决定前端架构和工程体系的基础。通过前后端技术架构的松耦合，实现各自领域逻辑和架构的相对独立性，以便于维护、重构和演进；同时辅以合理的工具和流程提高各自的工程效率，进而实现整体的快速迭代。前后端分离是最终的目标而非具体的实施方案，前端社区不乏一些相对成熟的模式可供借鉴，在借鉴或制定前后端分离架构时，一定要以自身业务特征为核心。一旦偏离了业务需求，无论多优雅的架构都是徒劳的，切勿为了分离而分离，丢失了技术为业务服务这一基本准则。

除了业务特征以外，现实工作中团队的人员配备、组织架构等客观环境也是不可忽略的因素。从理论层面讨论无法量化的因素无异于纸上谈兵，这些“人的因素”也正是理论应用于实践过程中最大的障碍。本章所述的内容建立在理想的团队配备的前提下，仅以业务特征作为决定前后端分离架构的唯一要素。将本章理论应用于实际工作中之前，请务必将客观环境考虑在内。

HTML 渲染并不是前后端分离唯一的关注点，会话管理、用户认证和鉴权，甚至跨域处理等细节都需要考虑在内。如果解释所有细节可能需要一整本书，所以本章只聚焦于与前后端耦合最紧密的 HTML 渲染环节，讲解如何针对不同的业务场景设计分离方案的渲染模块。包括以下内容：

- 前后端分离在业务、架构和工程角度的不同关注点。
- SPA 这种极端分离模式的基本架构模型和路由管理方案。
- 以 Node.js 作为中间渲染层的同构 JavaScript 编程基本模式。

## 5.1 关注点分离

分层模型是计算机领域非常普遍的一种模式，从图 5-1 所示的 OSI（Open System Interconnection，开放式系统互联通信）参考模型到 TCP/IP 分层模型再到图 1-1 所示的 Web 应用分层架构，各层级有相对独立的功能和架构模式。高度的内聚性便于各层级功能的迭代和架构演进，维持对外接口的统一能够保证与其他层级之间协同功能的正确性和稳定性。

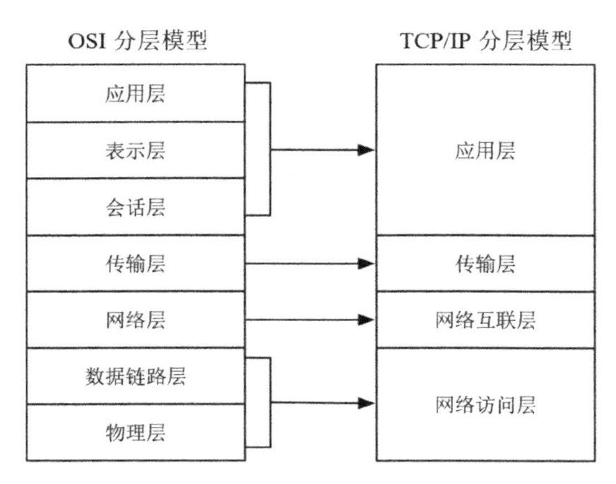


图5-1 OSI和TCP/IP分层模型

前后端分离是在 Web 分层架构基础上的进一步演化，是 Web 应用程序交互逻辑复杂度几乎与业务逻辑等量齐观的互联网时代背景下的一种必然趋势。其要点并不在于前端和后端如何实现各自领域的自治，而是集中于在松耦合前提下保证两者规范的关联和高效的协作。前后端的两个关联是数据接口和 HTML 渲染，借助 AJAX 可以实现数据接口的松耦合，舍弃 SSR 的 SPA 完成了 HTML 渲染的绝对解耦，但需要考虑两者对 SEO 和用户体验的影响。Node.js 中间层兼顾渲染和接口代理，但如果要达到更好的 SEO，则需要保证客户端路由和 Node.js 服务路由之间的一一映射和优雅降级。为提高用户体验还需考虑同构动态组件的客户端恢复，其在架构复杂性上远胜于使用 SSR 的传统 Web 应用架构。

**业务关注点**

无论何种领域、何种业务类型，所有软件产品的核心关注点均是用户和市场，实施方向无非两点：

- 第一，推广产品以争取更多的用户。除了人为运营、线下活动等与技术本身无关的推广方案以外，扩大 Web 网站知名度的唯一技术途径便是 SEO。
- 第二，改进产品以提高现有用户黏性。保障产品功能的正确性和稳定性是根本，在此前提之下，提高交互流畅度、快速反馈用户操作能够进一步加强产品对用户的吸引力。

SEO 是 Web 产业生态中非常重要的一部分，混合应用、跨平台应用以及功能完全动态（比如网页游戏）的 Web 应用程序可以忽略 SEO，而对于内容偏静态或完全静态的 Web 网站来说，SEO 仍然是非常重要的市场推广途径之一。本书第 2 章讨论了 CSR 和 SSR 对 SEO 的影响，SSR 无疑能够更好地支持 SEO，但同时其前后端耦合的架构模式广被诟病。如何在解耦的同时兼顾 SSR 以保障 SEO，是前后端分离架构设计过程中的核心关注点之一。

对于追求用户体验的互联网产品来说，性能不仅是一项技术指标，还是能够切实影响产品竞争力的关键因素。市场中能够满足用户功能需求的产品数不胜数，单纯依靠功能本身很难在众多竞品中胜出，最终决定胜败的关键往往在于细节，性能便是不可忽视的细节之一。前端性能优化的方向主要有两个：一是令用户键入 URL 后尽可能快地看到网页的内容；二是用户的操作得到快速响应。将渲染工作放在硬件配置相对较优的服务器中固然可以提高网站首屏的响应速度，但在高并发场景下，采用分布式渲染的 SPA 能够在一定程度上减轻服务器负载，在极限条件（即其他所有支持高并发的要素全部做到极致的优化，此时 HTML 渲染是唯一可优化的环节）下能够提高整体用户的平均响应速度。然而大多数 Web 产品几乎不可能达到这种极限条件，HTML 渲染远没有触及服务器并发的瓶颈，单纯靠并发因素评定 SSR 或 CSR 的优劣未免有失偏颇。所以从普遍意义上讲，在首屏响应速度方面，SSR 有着比 CSR 更好的表现。从快速响应的角度来讲，在客户端建立完善的临时数据和路由管理体系的 SPA 能够提供更快速的操作反馈，并且可以支持离线场景，这是采用 SSR 的常规 Web 架构不可比拟的优势。依据自身业务对 SEO 和性能两项指标的偏重程度来决定具体的架构模式，这是在设计前后端分离架构之前必须确定的基本准则。

**架构关注点**

软件编程行业内对架构其实并没有绝对统一的定义，但不乏一些在从业者群体中得到普遍认可的模式和方法论，比如Philippe Kruchten在 1995 年发表于*IEEE Software*的*Architectural Blueprints: The“4+1”View Model of Software Architecture*[1]一文中提出的 4+1 视图模型、《软件架构设计》一书中提出的 5 种架构视图等。这些方法论的共性是将架构的关注点分解为逻辑、数据、物理、开发等。物理方面关注于宏观的系统架构，数据则聚焦于数据库的设计和管理，在分层明确的大型软件架构中，处于表现层的前端和业务逻辑层的服务端并不会直接接触物理和数据，两者的核心关注点只有逻辑和开发。从这个角度衡量，前后端耦合架构之所以违背分层的理念，原因在于将交互逻辑与业务逻辑混合在一起，进而导致开发耦合。相比之下，前后端分离在架构层面的核心优势是实现了逻辑和开发的分离，前后端各自的领域架构拥有高度的独立性和内聚性，类似于黑盒或者纯函数，只需保证输入与输出的匹配（通常为接口）而无须关注彼此内部的逻辑。

**工程关注点**

效率的提升能够降低人力和时间成本，这是人们关注的核心。在实际工作中，提升效率的切入点可细分为两个：一是关注开发的高效产出；二是关注 bug 的快速解决。实现这两个目标的途径包括并行开发、单元测试、动静资源分离部署以及前后端开发者明确的职责划分等，这些均是工程方面的具体关注点，前后端分离架构为这些方案的实施提供了良好的支撑。

1 参见链接 49。

## 5.2　SPA 与路由管理

完全采用CSR的SPA是一种极端的、实施成本最低的前后端分离模式，其实现了前后端的绝对解耦，开发、测试、部署甚至版本均可分离，接口是两个领域唯一的关联，如图 5-2 所示。SPA所有的前端资源均是静态的，可托管在单独的静态文件服务器上，唯一需要特殊处理的是HTML文件必须使用HTTP协商缓存。[1]

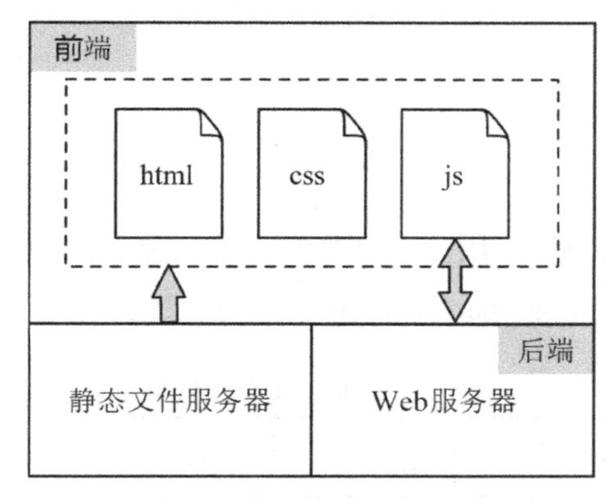


图5-2　传统前后端关联模式

SPA 模式与前后端分离在架构与工程方面所有的关注点几乎完全契合，但是从市场推广的角度来衡量，采用 SPA 便意味着放弃了 SEO。如第 2 章所述，虽然有诸多途径可以在一定程度上弥补 SPA 在 SEO 方面的缺陷，但是仍难以达到 SSR 的水准，并且实施成本非常高。所以在现实工作中，使用 SPA 的前端项目大都不考虑 SEO，典型的就是 Hybrid 应用和短期的活动页。另外，SPA 需要首先等待 JavaScript 文件加载完成，然后请求服务端接口获取首屏内容数据，最后再渲染 HTML，在这期间用户看到的是空白的页面。也就是说，SPA 需要从性能优化上花费更多的精力，包括设计和技术，比如第 2 章提到的骨架页面、JavaScript 模块化按需加载、图片懒加载等。

除了弱 SEO 和首屏时间长两个缺陷以外，SPA 的动态性优势是远超传统 SSR 架构的。与每个页面均需从服务端获取数据的传统 Web 网站相比，SPA 通过在浏览器环境下建立前端路由策略将所有子页面进行统筹管理，页面之间的跳转被映射为组件的更换或函数的调

1　具体原因和实施方案可参阅作者的另一本书——《前端工程化：体系设计与实践》的 5.2 节。

用，向服务端发起的网络请求仍然只是接口的调用，将渲染完全从服务端剥离。目前实现前端路由的途径主要有以下两种。

- Hash 模式：使用 URL 的 hash 标识作为路径标记，通过监听 hashchange 事件实现回调逻辑。
- History 模式：使用 URL 的 path 作为路径标记，借助 History API 及其相关事件实现跳转和回调逻辑。

### 5.2.1 Hash 模式

一个完整的 URL 包括协议、用户、域名、端口、路径、查询参数和 hash 标识，比如从 http://www.foo.com/user?name=bar#message 可以获取到表 5-1 所示的信息。

表 5-1 URL 包含的信息

| 协议 | 用户 | 域名 | 端口 | 路径 | 查询参数 | hash 标识 |
| --- | --- | --- | --- | --- | --- | --- |
| HTTP | 空 | www.foo.com | 80 | /user | name=bar | message |

当一个URL的协议、用户、域名、端口、路径和查询参数改变后，浏览器便将其判定为新的URL，进而以新URL发起网络请求，然而hash标识的改变并不触发此行为。所以Hash模式的优点之一是不需要服务端支持，是前端完全自主的路由机制。另外，相对于依赖HTML5 规范新增History API的History路由，Hash路由在浏览器兼容性方面表现更优。下面我们通过实现一个简易示例来讲解Hash路由的工作原理，建议读者参照本小节示例的源码[1]进行阅读。

#### API 设计

一个路由必须包含最基础的两个因子：路径和回调函数，不妨将其分别命名为 path 和 action。为了便于调试和定位，额外增加一个唯一的 name 属性。并且增加对动态路由的支

1 参见链接 50。

持，此时路由的配置 API 雏形如代码 5-1 所示。

**代码 5-1**

```
new Router([{
  path: '/',
  name: 'home',
  action(){}
},{
  // name和sex为动态参数
  path: '/user/:name/:sex',
  name: 'user',
  action(){}
}]);
```

这样的配置方式对于简单的跳转需求其实已经足够了，但是不足以应对一些复杂的场景，还需要进一步抽象。Vue-router[1]是很好的借鉴案例，每个路由都是一个类似组件的对象，有自己的行为和生命周期。仿照Vue-router的API设计，为路由定义图 5-3 所示的生命周期：

- beforeEach 和 afterEach 是全局钩子函数，分别在进入每个路由之前和之后执行。
- 路由内部的 beforeEnter 在 action 之前执行，并且为阻塞式，根据返回值分发后续逻辑，返回 true 则继续跳转，否则中断跳转。
- 路由有两种行为：leave 和 update，分别触发 beforeLeave 和 beforeUpdate，两者均为阻塞式。
- 路由的 afterEnter 在 action 之后执行，afterUpdate 在路由更新成功之后执行。

1　参见链接 51。

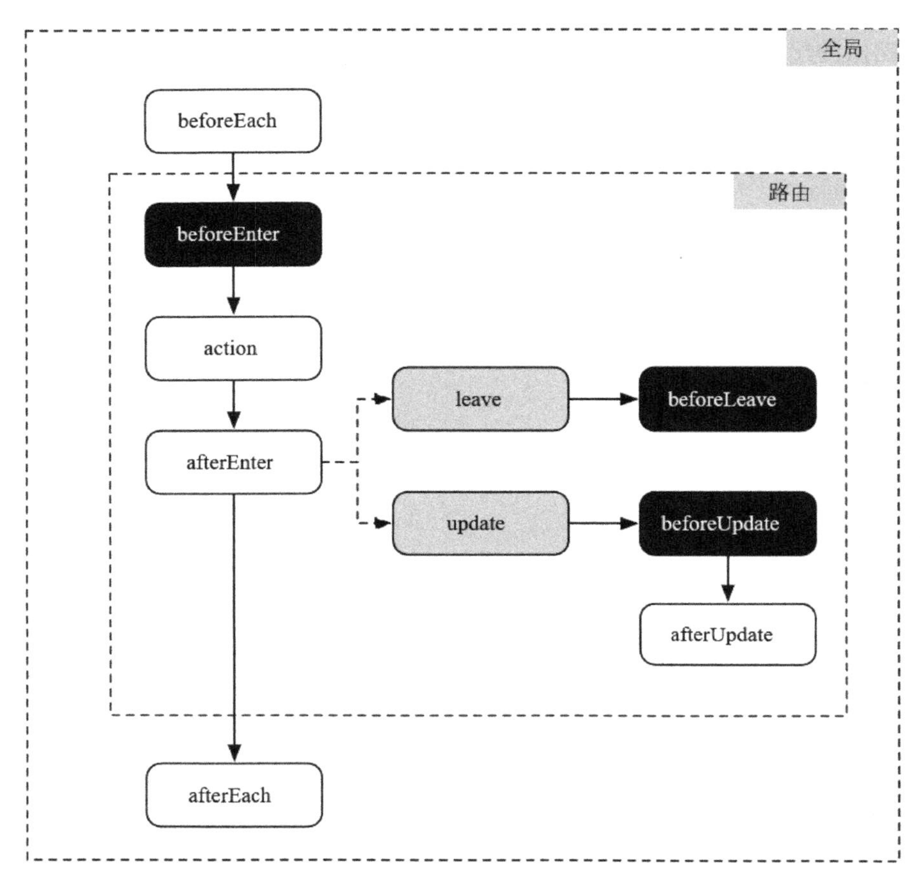


图5-3 路由生命周期

结合前文和以上生命周期的设计便可以确定配置 API 的完整形态，具体可分为两方面：一是全局钩子函数的定义；二是每个路由的参数和钩子函数的定义。如代码 5-2 所示：

**代码 5-2**

```
new Router({
  // 各路由的参数和钩子函数
  routes: [{
    path: '/',
    name: 'home',
    beforeEnter(){}
    action(){},
```

```
    afterEnter(){}
    beforeUpdate(){}
    afterUpdate(){}
    beforeLeave(){}
  }],
  // 全局钩子函数
  beforeEach(){}
  afterEach(){}
});
```

### 类结构设计

为了便于逻辑的拆解，我们设计两个类：负责外层路由统筹的 Router 和负责单个路由管理的 Route。Router 类维护一个包含所有 Route 的列表，监听 hashchange 事件跳转对应的路由；对外开放 go 和 back 两个 API 分别对应跳转和回退。每个用户配置的路由均对应一个 Route 实例，每个实例维护本身的参数、状态等信息，同时对外开放 match 和 parse 两个 API，均接受 URL 的完整路径作为参数，match 返回是否匹配自身路由，parse 从匹配成功的路径中解析参数信息并执行回调。用 TypeScript 定义两者的接口结构，如代码 5-3 所示。

**代码 5-3**

```
interface RouterInterface {
  go(path: string):void;
  back():void;
}
class Router implements RouterInterface{}

interface RouteInterface {
  name:string;
  beforeEnter:Function|null;
  afterEnter:Function|null;
  beforeUpdate:Function|null;
  afterUpdate:Function|null;
  beforeLeave:Function|null;
```

```
  // 动态参数
  params:{
    [key:string]:string|undefined;
  },
  // 完整路径
  fullpath:string;
  // 匹配URL的完整路径是否对应本路由
  match(fullpath:string):boolean;
  // 解析URL的完整路径并执行回调
  parse(fullpath:string):void;
}
class Route implements RouteInterface{}
```

Router 初始化之后启动 hashchange 事件监听，为了支持刷新还需要立即判断当前 URL 与已存路由是否匹配，如代码 5-4 所示。

**代码 5-4**

```
// 启动监听
private _start(){
  window.addEventListener('hashchange', (ev:HashChangeEvent)=>{
    // HashChangeEvent的newURL属性值为hash改变后的完整URL
    this._onHashChange(ev.newURL);
  });
  this._restore();
}

// 恢复当前URL对应的路由
private _restore() {
  this._onHashChange(window.location.href);
}
```

_onHashChange 方法的逻辑是先获取完整 URL 的 hash 值，然后循环调用每个 Route 的 match 方法进行匹配。对于动态路由处理，我们首先用一个简单的正则表达式从配置参数 path 中解析出动态参数的名称，并将所有的参数汇总为一个路由匹配正则表达式，如代码 5-5 所示（只显示主要逻辑）。

**代码 5–5**

```
export class Route implements RouteInterface{
  static paramPattern = /\/\:\b(\w+)\b/g;
  constructor(info){
    this._path = info.path;
    let tmpPath =  this._path;
    let match = Route.paramPattern.exec(this._path);
    while(match){
      const param = match[1];
      this._requiredParams.push(param);
      this.params[param] = undefined;
      tmpPath = tmpPath.replace(`/:${param}`,'/(\\w+)');
      match = Route.paramPattern.exec(this._path);
    }
    Route.paramPattern.lastIndex = 0;
    this._validator = new RegExp(`^${tmpPath.replace(/\//g,'\\/')}$`);
}
```

代码 5-1 配置的动态路由/user/:name/:sex 经过以上逻辑处理之后可提取出两个参数 name 和 sex，路由匹配正则_validator 为/^\/user\/(\w+)\/(\w+)$/。Route.match 的功能实现便是用_validator 测试入参是否匹配。

**阻塞式钩子函数**

阻塞式钩子函数最简单的实现方案是根据函数返回值是 true 还是 false 进行逻辑分发，但需要明确各个钩子函数的触发条件。在图 5-3 所示的生命周期中，beforeEach 在进入每个路由之前执行，那么触发它的条件必须是当前路由的 beforeLeave 返回 true；而 beforeLeave 的触发条件是目标路由与当前路由并非同一个。对于动态路由/user/:name/:sex 而言，改变 name 或 sex 相当于更新而非离开当前路由，触发 beforeUpdate 而不是 beforeLeave。调用 Router.go（targetPath）进行路由间跳转的流程如图 5-4 所示，流程中每个阻塞式钩子函数的返回值均会决定到底是跳转还是中断（具体实现方案请参阅源码）。

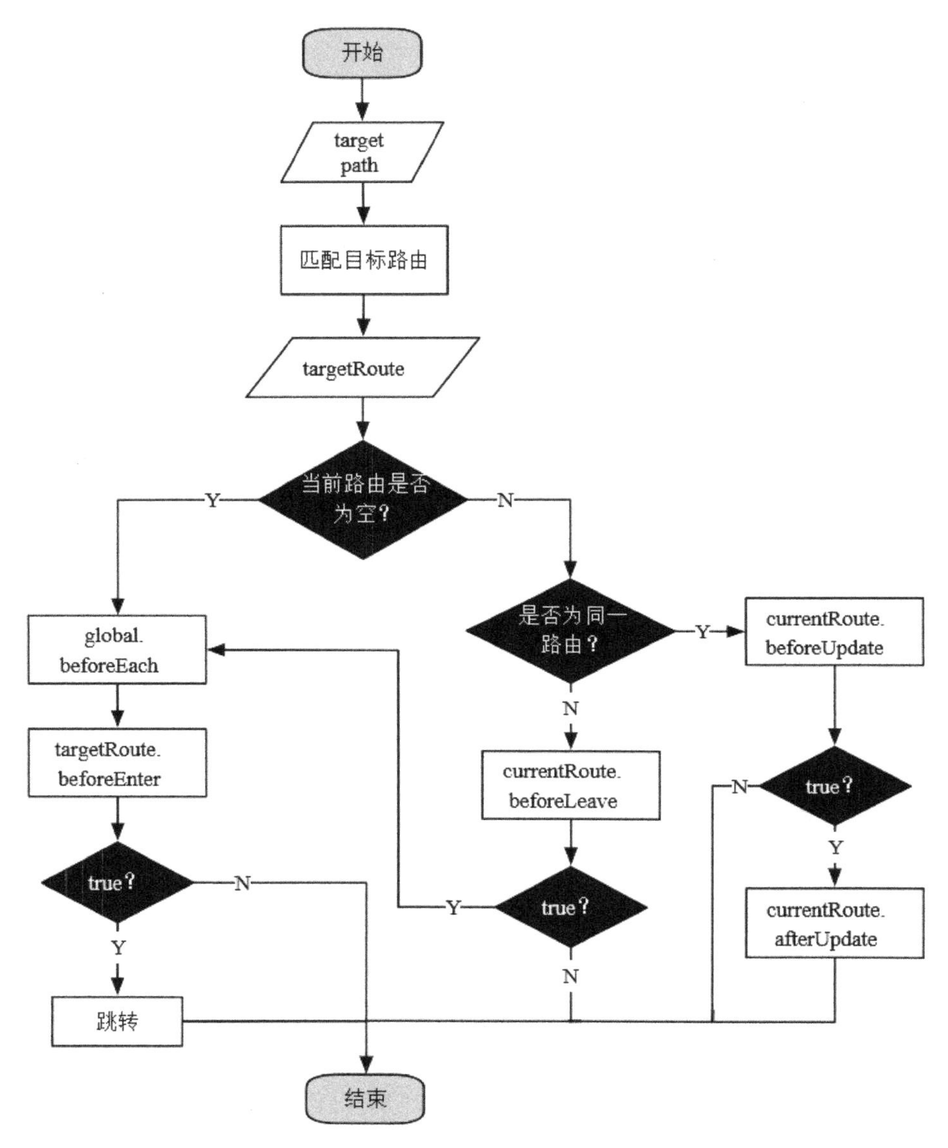


图5-4　路由跳转流程

## 5.2.2　History 模式

History 路由在前后端整体架构上不同于 Hash 路由最显著的一点是需要服务端的配合。

History 路由支持刷新的前提条件是服务端将所有子路由的请求 rewrite（请注意不是 redirect）到根路由，然后前端在浏览器环境下进行子路由恢复。在功能实现上，History 路由与 Hash 路由的主要区别在于路由间的跳转和监听方式：

- 跳转新路径使用history.pushState[1] API，回退和前进使用history.back和history.go API。
- 通过监听 popstate 事件处理路由回调。

popstate事件只有在调用history.back和history.go时才会被触发，而不会被pushState触发。如果不进行特殊处理的话，仅用原生的history API只能监听到路由的回退和前进，而监听不到新路由的跳转。所以我们必须在跳转新路径时触发并监听某种事件，不妨将其命名为与popstate语义相反的“pushstate”事件，这是一个自定义事件，可以借助CustomEvent API[2]实现。如代码 5-6 所示，我们编写了一个用于创建自定义事件的函数并且将事件命名为pushstate，这样就可以被window监听到。

**代码 5-6**

```
// 创建pushstate事件
function createPushstateEvent(state:KV<string>):PushStateEvent{
  const ev = new CustomEvent('pushstate');
  ev['state'] = state;
  return <PushStateEvent>ev;
}
// 监听pushstate事件
window.addEventListener('pushstate', (ev:PushStateEvent)=>{
  this._onRouteChange(window.location.pathname,ev.state.name);
});
```

跳转新路径的逻辑为调用history.pushState API的同时调用createPushstateEvent函数创

1 调用 history.pushState API 会改变 URL，但是并不会触发浏览器加载目标路径的文档。

2 参见链接 52。

建一个pushstate事件，并且以window对象为target触发，如代码 5-7 所示 [1]。其中state对象的属性name为目标路由的名称，借助此属性可以简化目标路由的匹配逻辑。

**代码 5-7**

```
private _pushState(state:KV<string>,path:string){
  this._history.pushState(state,'',path);
  window.dispatchEvent(createPushstateEvent(state));
}
this._pushState({
  name: targetRoute.name
},path);
```

History 路由的优点在于能够被爬虫程序抓取到路径，然而仅路径被抓取还远不足以支撑 SEO，因为页面的本质仍然是 CSR 的 SPA，若想达到更好的 SEO 效果则必须采用 SSR。Node.js 的出现改变了 Web 技术的传统格局，不仅可以取代 PHP、Java 等作为 SSR 的承载者，而且为 JavaScript 同构编程提供了强有力的技术支撑。

## 5.3 Node.js 中间层与同构编程

如图 1-2 所示，在 Web 服务端与浏览器客户端之间搭建 Node.js 中间渲染层是目前相对普遍采用的一种前后端分离架构。与完全舍弃 SSR 的 SPA 模式相同的是，接口仍然是前后端唯一的关联，但是具体的关联方式可以根据 Node.js 中间层是否具有代理功能分为图 5-5 和图 5-6 两种。Node.js 中间层代理后端接口的优势在于后端开发人员不必在跨域问题上花费精力（虽然并不复杂），同时也可以承担一定的验证功能，并且通过汇总多个接口在一定程度上降低交互逻辑的复杂度。

1　详细实现过程请参阅链接 53。

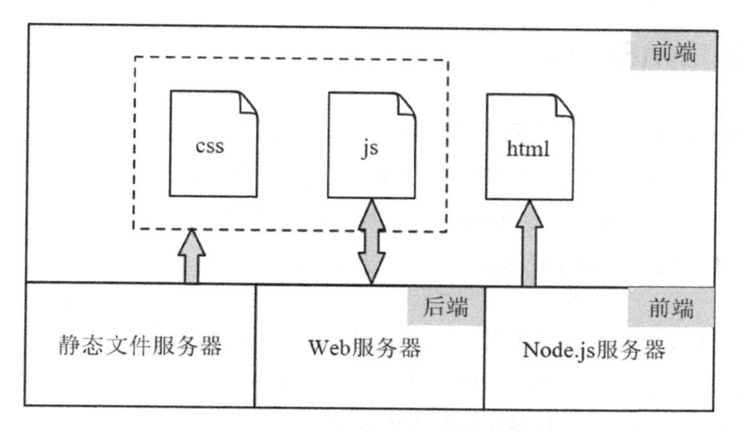


图5-5　无代理Node.js服务器模型

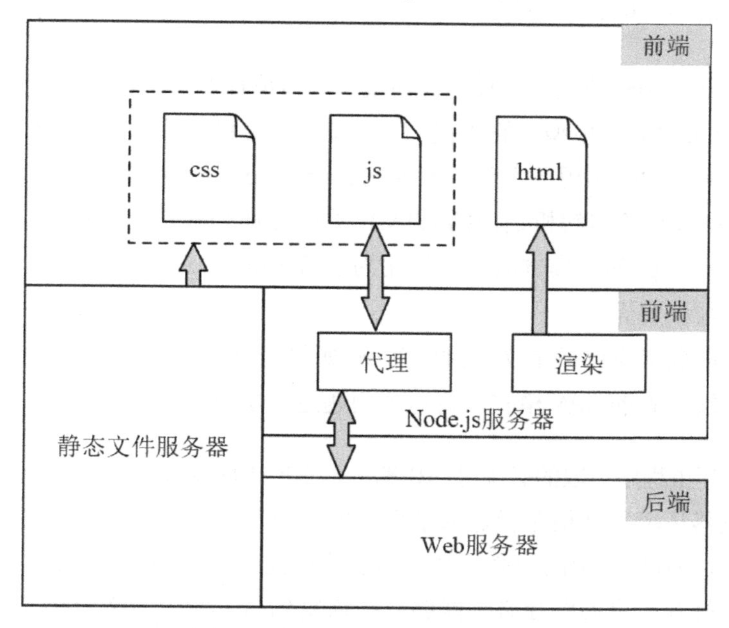


图5-6　有代理Node.js服务器模型

采用SSR支撑SEO并不意味着必须将动态的SPA退化为静态的Web网页，Node.js中间层的目的也并不仅仅是将渲染从后端解耦，因为如果是这样的话，Node.js与PHP、Java等并无二致。Node.js对前端的革命性影响之一是为前后端[1]同构JavaScript编程提供了可行性。

1　这里的后端指的是 Node.js 中间层。

### 5.3.1 同构 JavaScript

同构（isomorphism）一词是数学领域的专业术语，指的是数学对象之间属性或者操作关系的一类映射。数学中研究同构的主要目的是把数学知识应用于更多不同的领域，同构 JavaScript 的目标与之类似，即令 JavaScript 编写的代码既可以在浏览器端工作，也可以在服务端工作。细化来讲，同构编程有以下三层含义。

- 第一层：语言同构，即客户端和服务端使用同一种编程语言，这也是最表象的含义。
- 第二层：组件同构，即一个组件同时兼容客户端和服务端运行环境。
- 第三层：功能同构，即客户端和服务端可以实现相同的功能，也可以说这是同构编程的最终目标。

长久以来，JavaScript 缺乏平台移植性的根本原因是难以脱离对 DOM 和 BOM（Browser Object Model，浏览器对象模型）的依赖，而在现代前端技术体系中，运行平台更像是功能输出的接收者，承载功能实现的主体逐渐偏向 JavaScript 语言本身。同构 JavaScript 的主要功能是渲染，而在被浏览器解析之前的 HTML 文档实质上是无任何平台专属特性的干净文本，所以同构 JavaScript 的工作本质上便转化为字符串处理，这项功能理论上只与 JavaScript 语言本身相关，与平台无关。

在理论可行的前提下回顾上文提到的问题：如何令 Web 应用既可以由 SSR 支持 SEO，又可以保持客户端动态的 SPA 模式，将这个问题进一步分解：

- 能够被爬虫程序抓取的必须是URL路径而非hash片段，前端只能使用History路由[1]。
- 在浏览器环境下从根路径进入子页面的内容与直接打开子页面路径呈现的内容必须一致，Node.js 中间层必须建立与客户端完全一致的路由映射。
- 浏览器打开子页面路径必须能够立即恢复到与之对应的路由状态和数据，Node.js 中间层必须将子页面的相关数据与 HTML 内容一同返回给客户端，并且客户端具备可靠的状态恢复机制。

下面我们通过一个简单的示例讲解如何解决上述问题。

---

1 强调使用 History 路由并非完全忽略了浏览器的兼容性，如果 Node.js 中间层具备相同的路由映射，在不支持 History API 的浏览器中，子路由可以作为常规的 URL 将请求发送到 Node.js 进行解析，这种策略称为“路由降级”。

## 5.3.2 React 同构方案

本书接下来的示例使用React+Redux+React-router作为客户端技术栈，Node.js中间层使用Express框架和Pug模板引擎。为了便于演示异步请求，使用News API[1]提供的开放接口作为数据源。由于示例中使用了许多具体的API，建议读者结合源码 [2]阅读。

示例源码分为三类：client（客户端专属代码）、server（Node.js 中间层专属代码）、isomorphic（同构代码）。为了便于模块间互相引用，所有代码都用 ES6 语法编写，并使用 Webpack 进行编译。由于 Node.js 代码和客户端代码有一定的关联性（index.pug 中需要引入编译后的 JS/CSS 文件），所以在讲解代码逻辑之前有必要先了解 Webpack 的一些关键配置。

#### Webpack 编译配置

考虑到 HTTP 缓存，编译输出的客户端 JS/CSS 文件带有 hash 指纹，必须同步更新 index.pug 中对两者的引用，静态文件的地址作为数据由 Node.js 代码传入 index.pug，如代码 5-8 所示。

**代码 5-8**

```
// index.pug
head
  meta(charset="UTF-8")
  meta(name="viewport" content="width=device-width, initial-scale=1.0")
    title 同构JavaScript Demo
    //- css
    each css in assets.css
      link(rel="stylesheet", href=css)
body
  div#app !{content}
    //- js
    each js in assets.js
      script(src=js)
```

1 参见链接 54。

2 参见链接 55。

```
// Node.js代码
res.render('index.pug', {
  assets
});
```

Node.js 代码中的 assets 是占位符，Webpack 进行编译时将其替换为有效的静态文件地址列表。那么剩下的问题就是如何在编译 Node.js 代码之前获知客户端的编译输出结果。

webpack-stat-plugin[1]插件可以将Webpack的编译结果写入一个JSON文件，在用于客户端编译的Webpack配置中添加插件的引用，见代码 5-9。

**代码 5-9**

```
plugins: [
  new StatsWriterPlugin({filename:'stat.json'})
]
```

stat.json 的内容如代码 5-10 所示。

**代码 5-10**

```
{
  "assetsByChunkName": {
    "index": [
      "index.599cb49d.css",
      "index.599cb49d.js"
    ]
  }
}
```

在用于 Node.js 代码编译的 Webpack 配置文件中读取 stat.json 中包含的 chunk，并使用 DefinePlugin 将其注入 Node.js 代码即可，见代码 5-11。

**代码 5-11**

```
const clientStatFile = path.resolve(config.dirs.dist,'./static/stat.json');
```

1 参见链接 56。

```
    const chunks = JSON.parse(fs.readFileSync(clientStatFile,'utf-8')).
assetsByChunkName;
    const defineMap = {};
    for(const chunkname in chunks){
      chunks[chunkname].forEach(file=>{
        const ext = path.extname(file).replace('.','');
        if(!defineMap[ext]){
          defineMap[ext] = [];
        }
        defineMap[ext].push(`/static/${file}`);
      });
    }
    module.exports = {
     // 其他配置
     plugins: [
       new webpack.DefinePlugin({
         'assets': JSON.stringify(defineMap)
       })
     ]
    };
```

**客户端逻辑**

为了便于讲解，我们首先以 SPA 的角度编写客户端的交互逻辑，然后再尝试迁移到 Node.js 中间层。示例展示的是一个显示不同国家头条新闻列表的 Web 应用，它有两个子路由：首页和头条列表页，分别对应 Home 和 Headlines 组件，如代码 5-12 所示。

**代码 5-12**

```
import Home from '../components/home';
import Headlines from '../components/headlines';

export default [{
  path: '/',
  component: Home,
```

```
  exact: true
}, {
  path: '/headlines/:country',
  component: Headlines,
  exact: true
}];
```

首页没有任何实质内容，只做静态展示用；/headlines/:country 是一个动态路由，参数 country 决定新闻面向的国家。

应用组件 App 作为页面模板，用于维护路由视图，如代码 5-13 所示。

**代码 5-13**

```
import React, { Component } from 'react';
import { Switch, Route } from 'react-router-dom';
import Navbar from './components/navbar';
import routes from './routes';

export default class App extends Component {
  render() {
    return (
      <div>
        <Navbar/>
        <Switch>
          {routes.map((route, index) => (
            <Route exact key={index} {...route}/>
          ))}
        </Switch>
      </div>
    );
  }
}
```

然后创建维护新闻列表数据的 store，见代码 5-14。

**代码 5-14**

```
// action.js
import request from 'axios';
export const UPDATE_HEADLINES_COUNTRY = 'UPDATE_HEADLINES_COUNTRY';
export function getHeadlines(country) {
  return async (dispatch, getState) => {
    const {data} = await getHeadlinesFromNewsApi(country);
    dispatch({
      type: UPDATE_HEADLINES_COUNTRY,
      payload: {country, list: data.articles||[]}
    });
  };
}
function getHeadlinesFromNewsApi(country) {
  return request.get(`https://newsapi.org/v2/top-headlines?country=
${country}&apiKey=`);
}

// reducer.js
import {UPDATE_HEADLINES_COUNTRY} from './action';
const initialState = {country: null, list: null};
export default function reducer(state = initialState, action) {
  switch (action.type) {
    case UPDATE_HEADLINES_COUNTRY:
      return {
        ...state,
        country: action.payload.country,
        list: action.payload.list
      };
    default:
      return state;
  }
}
```

```
// index.js
import { createStore, applyMiddleware } from 'redux';
import reducer from './reducer';
import thunk from 'redux-thunk';
export default createStore(reducer, {},applyMiddleware(thunk));
```

最后编写代码 5-15 所示的初始化代码即完成了独立的客户端逻辑。

**代码 5-15**

```
import React from 'react';
import ReactDOM,{ render } from 'react-dom';
import { BrowserRouter as Router } from 'react-router-dom';
import { Provider } from 'react-redux';
import store from 'isomorphic/store';
import App from 'isomorphic/App';

render(
   <Provider store={store}>
      <Router>
         <App />
      </Router>
   </Provider>,
   document.getElementById('app')
);
```

截至目前，除了不支持刷新操作（/headlines/:country 页面），客户端已经可以作为一个 SPA 运行了。下一步我们要实现的功能是，支持浏览器直接打开/headlines/:country 路径并且返回的 HTML 文档中包含对应国家的新闻列表数据。换句话说，在 Node.js 中间层渲染完整的文档，而不是在浏览器中异步请求接口获取数据。实现这项功能必须具备以下条件：

- Node.js 中间层能够解析出/headlines/:country 路径所对应的 Headlines 组件以及 country 的值。
- 在返回给客户端数据之前必须先从 News API 的开放接口中获取新闻列表。

- React 组件支持在 Node.js 环境下进行渲染。

### Node.js 中间层逻辑

将所有路径请求映射到一个解析函数，然后用React-router的matchPath[1]方法识别请求URL的路径是否对应某个路由，并且解析出参数country的值，如代码 5-16 所示。

**代码 5-16**

```
import express from 'express';
import routes from 'isomorphic/routes';

const router = express.Router();

router.get('/*', async (req, res) => {
  let params = null;
  // 匹配路由并获取参数
  const route = routes.find(({path, exact}) => {
    const match = matchPath(req.url,{path, exact, strict: false});
    if(match){
      params = match.params;
    }
    return match;
  })||{};
  const {path, component} = route;
});
```

如果请求的路径为/headlines/:country，则需要获取新闻列表，由于获取数据的逻辑是组件 Headlines 专属的，比较好的做法是将这段逻辑写在 Headlines 组件内部而不是与组件无关的Node.js 代码中。所以我们在 Headlines 组件中编写代码 5-17 所示的静态方法 prefetch，用于触发 store 的获取新闻列表的 action：

1　参见链接 57。

**代码 5-17**

```
class Headlines extends Component {
  static prefetch({ store, params }) {
    if(params&&params.country){
      return store.dispatch(getHeadlines(params.country));
    }
    return new Promise(resolve=>resolve());
  }
}
```

接下来在 Node.js 中创建一个 store 并调用 Headlines 组件的 prefetch 方法，如代码 5-18 所示。

**代码 5-18**

```
const store = createStore(reducers, {},applyMiddleware(thunk));
// 存在prefetch的组件获取接口数据
if(component&&component.prefetch){
  await component.prefetch({ store, params});
}
// 用于客户端store恢复
const hydrationState = store.getState();
res.render('index.pug', {
  content: `${ReactDOMServer.renderToString(
    <Provider store={store}>
      <Router location={req.url}>
        <App/>
      </Router>
    </Provider>
  )}
  <script>
    window.__HYDRATION_STATE__ = ${JSON.stringify(hydrationState)}
  </script>`,
  assets
});
```

React-dom 提供的 renderToString 方法可以在 Node.js 环境中使用与客户端类似的语法将组件渲染为 HTML 字符串。这样处理之后便可以保证浏览器直接打开/headlines/:country 路径后立即获取到新闻列表数据，从而实现了对 SEO 的支持。但是截至目前，我们的需求还未全部完成，因为浏览器接收到 SSR 返回的页面之后，后续的操作必须在此基础上进行，也就是说，需要在客户端恢复 Node.js 中间层中的组件数据和状态。

**客户端恢复逻辑**

注意，在代码 5-18 中，我们将 store 的 state 数据赋值给全局变量__HYDRATION_STATE__，这个对象的作用是为客户端 store 的恢复提供初始数据。修改代码 5-14 所示的 index.js 逻辑为代码 5-19，判断如果是浏览器环境则以__HYDRATION_STATE__对象的值作为初始 state：

**代码 5-19**

```
const isBrowser = typeof window !== 'undefined';

let hydrationState = {};
if (isBrowser && window.__HYDRATION_STATE__) {
   hydrationState = window.__HYDRATION_STATE__;
   delete window.__HYDRATION_STATE__;
}

export default createStore(reducer, hydrationState, applyMiddleware(thunk));
```

通过以上代码可以在客户端恢复store的数据，然后使用React的hydrate函数 [1]恢复页面组件，见代码 5-20。

**代码 5-20**

```
hydrate(
  <Provider store={store}>
    <Router><App/></Router>
  </Provider>,document.getElementById('app')
);
```

1　参见链接 58。

至此便完成了一个简易的同构 JavaScript 应用。当然，实际工作中的应用场景远比示例所展示的复杂，并且借助 Node.js 中间层实现同构编程的模式也并非适用于所有类型的项目。比如 WebGL 或 Canvas 等复杂图形类应用对浏览器环境是强依赖关系，渲染输出的是像素而非文本，所以不能在 Node.js 环境中进行预处理。

## 5.4 总结

前端技术的演进和交互逻辑复杂度的提升是推进前后端分离的助力，并且发展至今也为必然。SPA 和 Node.js 中间层是最常见的两种分离模式。SPA 是一种极端的分离方式，实现了前后端的绝对解耦，它赋予客户端丰富的动态性，同时牺牲了 SEO 和部分性能。Node.js 中间层并非简单地用 Node.js 取代 PHP、Java 等作为渲染 HTML 的工具，而是为同构 JavaScript 编程提供了技术支撑。对于常规的前端项目而言，如果硬件和学习成本在可接受范围之内，兼顾 SEO、性能和客户端动态性的同构 JavaScript 是非常理想的前后端分离架构模式。

# 第6章
# 性能

*为用户而设计，不仅要满足用户要求的功能，还要达到用户期望的质量。*
*——摘自《软件架构设计：程序员向架构师转型必备》*

性能是衡量软件架构最基本也是最核心的指标之一，同时也是软件工程旨在解决的重点。不论是针对硬件还是软件，计算机技术领域对高性能的追求从未停止过。比如为增强计算机运算能力发明了多核CPU、为提高流媒体传输效率创造了RTP[1]（Real-time Transport Protocol，实时传输协议），以及将复杂度定为评估算法优劣最重要的指标等。具体到前端领域，HTML5 新增的Web Worker可实现多线程和并行计算以提高运算性能；CSS3 的transform 3D借助GPU加速提高动画流畅度；Node.js得以普及很大程度上得益于V8 引擎优异的性能表现。互联网产品，尤其是toC[2]产品，性能是影响用户体验的核心因素之一，能够切实影响产品的市场表现。你可能不止一次听闻某某网站因缓慢的加载速度导致用户流失的惨剧，也可能在实际工作中或多或少地经历过类似的案例。作者本人参与过一次不涉

---

1　RTP 最初被公布于 1996 年的 RFC 1889 中，由 IETF 多媒体传输工作小组制定。

2　互联网产品按照用户群体可大致分为两类：toB 和 toC。toB 即 to business，指的是面向企业的商用软件；toC 即 to consumer，指的是面向消费者的个人软件。

及任何功能迭代、只为性能优化的重构工作，项目上线后 6 个月用户负面反馈同比减少 90%、PV转换率提高了 21%。

Web 应用的性能优化主要针对两方面：一是键入 URL 后尽可能快地将内容展示给用户，这是一种相对静态的场景，其性能表现可以用多维度可量化的客观指标衡量；二是提高用户操作的反馈速度和流畅度，在动态的交互场景下用户的感受有一定的主观色彩，出彩的设计（比如动画）有时候能够起到意想不到的效果。除了技术层面以外，从业务角度对 Web 应用性能进行评估同样重要。本章将重点介绍评估可量化的客观指标和对应的优化方案，包括以下内容：

- Web 应用性能评估模型。
- 浏览器运行 Web 应用的机制以及 GC 策略对性能优化的启示。
- 探索浏览器运算性能的极限。

# 6.1 性能评估模型

对 Web 应用程序性能的评定是多维的，在生命周期的不同阶段有不同的可量化指标。由于 Web 应用客户端场景的复杂性和碎片化，衡量针对各指标优化的策略是否有价值或者价值有多大必须在横向维度（即在相同客户端场景中）上进行对比才具有参考意义。这句话可能有些难以理解，用相对通俗的方式解读是，可以将客户端场景的各项参数设定为一个集合，参数相同的场景类比为一个平行宇宙。在对性能优化方案进行评估时，只有处在同一宇宙两个时间节点（优化前和优化后）的性能指标数值才具有对比意义，而纵向的两个或多个平行宇宙之间的对比没有任何意义。在现实工作中其实很容易忽略或在一定程度上弱化这个前提条件，比如测试人员反馈页面打开太慢，而开发人员最常见的回复就是“在我的电脑上非常快”，因为开发人员只看到了设备的差异，下意识地忽略了其他参数。根据 Web 应用的特征对客户端场景参数进行细化，可提取出以下三个角度。

- 设备特征：包括类型（如 PC/平板/手机）、硬件配置（如 CPU/内存大小）、操作系统（如 Windows/Android/iOS）以及操作系统版本等。
- 浏览器特征：包括品牌、版本等。

- 网络情况：包括连接方式（光纤/WiFi/4G等）、运营商、地区、带宽等。

通过为以上参数赋予固定的值从而将应用限定在一致的客户端场景中，然后再逐指标地进行对比，这是制定性能评估模型最基础的原则。

Web应用程序的生命周期分为两个阶段：从用户输入URL并按下回车键开始直到浏览器屏幕被网页填满称为加载阶段；加载完成后应用便进入可交互阶段。在讲解性能的两种具体评估指标之前，有必要再次重复一下贯穿本书的基本原则，即技术必须服务于业务，这项原则同样适用于Web应用的性能评估。绝大多数的性能指标是客观、可量化且与业务无关的，不妨称之为技术性能指标；而个别指标与业务存在强耦合关系，称之为业务性能指标。业务性能指标穿插在Web应用的加载阶段和可交互阶段中，根据产品的信息架构[1]，有时候它们的权重远大于技术性能指标。

### 加载阶段

优化加载阶段性能的目标是令浏览器尽可能快地完成网站初始状态（即第一屏）的呈现，给用户留下良好的第一印象，通常将此阶段的性能称为加载性能。优化加载性能可细分为两个方向：一是从视觉角度提高网站内容的渲染速度，对应白屏时间和首屏时间两项指标；二是从交互角度缩短从打开网站到可交互之间的时间间隔，对应可交互节点指标。

- 白屏时间：将用户在浏览器地址栏中输入URL按下回车键那一刻作为计时起点，将有可视化的图像被渲染到浏览器视窗中的那一刻作为计时终点，两个时刻之间的差值即为白屏时间。这期间浏览器的工作包含域名查询[2]、与Web服务器建立TCP连接、发送HTTP请求、接收并渲染响应的HTML文档等。
- 首屏时间：前端社区根据对首屏时间的不同解读分为两个派系，两种解读方式对于首屏时间计时的终点是统一的，即浏览器视窗的第一屏首次完全渲染完毕的时

1 信息架构（Information Architecture）是一个综合技术和设计的复合型概念，在Web领域可以理解为将Web应用所包含的信息进行统筹、归类、排序等一系列操作，令复杂的信息能够以相对简单、清晰的方式传达给用户。信息架构强调可用性（usability）和可寻性（findability），可用性侧重技术，可寻性侧重业务。

2 有些文章将域名查询称为DNS解析，这是一种不准确的解读。浏览器在其中的角色是作为DNS客户端向DNS服务器发送域名查询请求，具体的解析工作由DNS服务器完成。类似于在一个HTTP请求响应周期内，浏览器只是作为请求发起方和响应接收方。

刻。分歧在于计时的起点，一种解读认为应该从用户按下回车键便开始计时，也就是说，白屏时间作为首屏时间的一个子集，代表首屏时间的第一阶段；另一种解读是将白屏时间的终点时刻作为首屏时间的计时起点，也就是将白屏时间和首屏时间理解为两个独立的串行阶段。与第 4 章提到的组件与模块一样，这两种解读方式仅是理论层面的争议，并不会影响具体的优化方案。本书倾向于第二种解读，即白屏时间与首屏时间是两个串行的独立阶段，后续的描述均在此解读方式的前提下进行。

- 可交互节点：将网站首次可以响应用户操作反馈[1]的那一刻作为可交互节点。与白屏时间和首屏时间不同的是，可交互节点代表的是一个时刻而非时间间隔。优秀的设计是将可交互节点在首屏时间终止计时之前达成。

与以上三项技术性能指标相比，从业务角度对网站加载性能的评估要相对复杂一些，产品的类型、信息架构甚至商业策略等因素均可能影响最终的评定。除去一些无法量化的因素之外，首次有效绘制和广告可视节点是两个相对通用的业务性能指标。

- 首次有效绘制：虽然从技术上来说所有的内容都是平等的，但是从业务角度衡量，大多数网站的内容均存在优先级的排序，比如一个电商网站最重要的通常是首屏的促销信息而不是商品分类列表、一个地图网站最重要的是地图本身而不是工具箱。为了达到更好的收益，优先级高的内容应该相对更早地展示给用户。首次有效绘制指的便是优先级最高的内容被首次渲染的时间节点。
- 广告可视节点：虽然在用户的视角里广告是招人讨厌的，但站在公司的角度，广告是非常重要甚至是主要的创收途径。虽然很无奈，但工业不同于学术，不存在单纯的技术。商业是逐利的，更好地服务于商业是工程技术最基本的准则。对于一些存在首屏广告的网站来说，更快地将广告展示给用户（事实上大多数网站都是这样的策略）能够间接地提高与广告商之间的议价。相比其他性能指标，这项指标的优先级往往是最高的。

1 这里的操作反馈指的是通过 JavaScript 实现的交互功能，浏览器的默认行为（比如<a>标签的单击跳转）通常被排除在外。

> 互联网产品为了达到更好的广告呈现效果，不论是从整体方案还是细节处理上都下足了功夫。PC 时代为了绕开 AdBlock 等屏蔽工具，使用单独的 iframe 展示广告，这可以说是非常典型的技术服务于商业的案例；移动互联网时代几乎每个手机 App 都有全屏倒计时广告，这种模式也印证了商业的优先级远高于技术。

**可交互阶段**

首屏内容全部加载完成后，网站便进入可交互阶段，此阶段最能够体现一款产品在架构和交互方面独到的设计，性能至关重要。可交互阶段是动态的，我们不妨将此阶段的性能称为动态性能。衡量动态性能必然也是从动态角度出发。

- 反馈速度：简单讲就是尽可能快地响应用户的操作。根据具体的架构设计可表现在不同的角度，比如，如果首屏以外的内容全部按需加载，在用户使用鼠标滚轮滑动到未加载区域时触发，那么动态内容的呈现速度便是反馈速度的一种具象表现，前端路由控制的各页面跳转与之同理。
- 动画帧率：在目前高级浏览器强大的性能表现下，大多数常规前端项目通常不用担心动画表现不佳。然而对于网页游戏、地图等涉及数据量庞大，计算密集且强交互的应用来说，实现 50 帧以上的动画并不是一件很简单的事情。动画帧率并不是单一的指标，在其表象的背后是算法、数据结构、CPU 与 GPU 之间的取舍等一系列为提高运算性能的优化工作。

同加载性能一样，业务层面同样存在衡量动态性能至关重要的指标：关键路径渲染（Critical Rendering Path）。所谓的关键路径指的是与用户操作有关的内容，优化关键路径渲染的目标便是优先显示与用户当前操作相关的内容，降低与操作无关内容的优先级。比如一个 SPA 模式的电商网站，用户单击首页商品列表中的某款商品，前端路由将页面跳转到对应的商品详情页，优先展示的应该是商品价格、促销活动、购买按钮等内容，而评论、图片等内容的优先级则相对低一点。关键路径渲染本质上与首次有效绘制的原则是一致的，只不过一个侧重动态的渲染性能，一个侧重首次加载（也可以理解为静态）的渲染性能。

综合以上提到的所有性能评估指标，可以得出图 6-1 所示的性能评估模型。

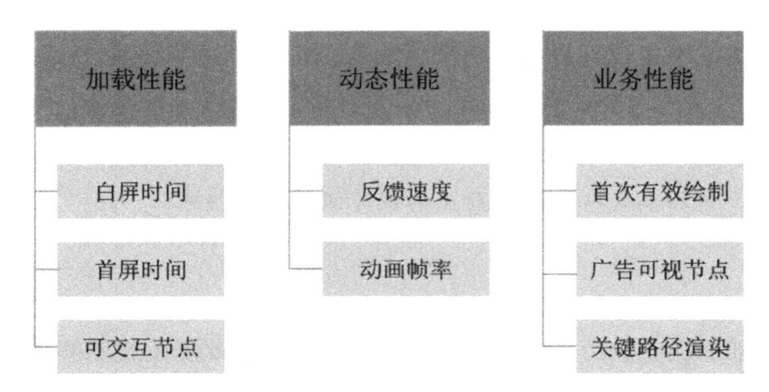


图6-1 Web应用性能评估模型

所有的性能评估指标均不是单一的、独立的，往往需要多方面、深层次的综合方案才能够达到更佳的表现，熟悉一些相关的底层运行原理能够令优化措施更有针对性。接下来本章将简单介绍浏览器和 JavaScript 引擎的一些底层知识，进而引导出相关的性能优化策略，以及如何使用一些高级技巧追求极限的运算性能。

## 6.2 从 URL 到图像

浏览器可以说是与前端关系最密切的“朋友”，虽然这位朋友大多数时候扮演的是“捣乱者”的角色。每一位前端开发者应该都曾或多或少地为了代码能够兼容多个浏览器而忙得焦头烂额。HTML5 带来的诸多新特性令开发者感到振奋的同时又被浏览器糟糕的实现泼了一盆冷水。可以说浏览器同时决定了前端的上限和下限，无奈的是，现实工作中为了产品能够获得更大的市场和更多的用户，前端开发者往往是在下限附近打转，这也是一个典型的技术屈从于商业的案例。虽然关系如此亲密，然而浏览器对于大多数前端开发者而言更像是一个黑盒，我们知道它能够解析 HTML 和 CSS、可以运行 JavaScript，但是并不了解其内部的工作原理。当然，对于忙于业务的一线开发者来说，更重要的是需要谨记各种浏览器的 CSS 前缀和 JavaScript API，即便熟悉浏览器的实现细节也并不能直接提高代码的质量和开发的效率。然而对于需要同时掌控宏观架构和深耕细节实现的前端架构师而言，了解一些必要的浏览器知识能够为方案的设计提供更坚实的理论基础。

浏览器的大致架构[1]如图 6-2 所示。

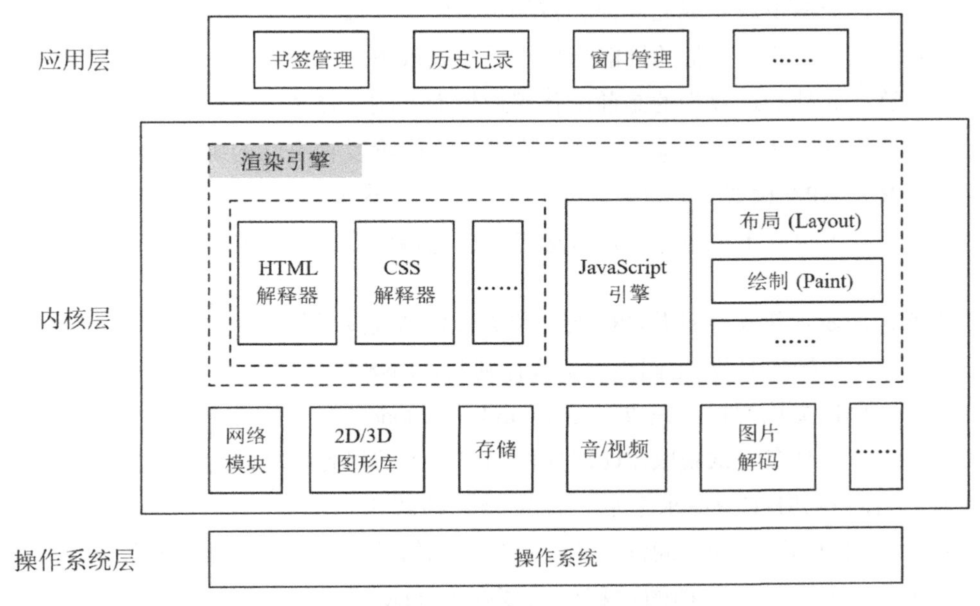


图6-2 浏览器架构概览

- 应用层包含一些可视的交互功能模块，如书签管理器、窗口管理器等，以及一些不可见的数据管理模块，如历史记录管理等。
- 内核层主要包括两部分：一部分为渲染引擎，包括 HTML、CSS、SVG 等语言的解释器和 JavaScript 引擎，以及布局、绘制等与渲染相关的模块；另一部分为相对底层的功能模块集合，如多媒体解码器、图形库等。
- 操作系统层提供一些浏览器所需的系统 API，比如多线程、文件 IO 等。

其中内核层是优化 Web 应用性能的主要突破点，结合图 6-1 所示的性能评估模型，不难发现，不论是加载性能还是动态性能，症结均集中于以下三个方面。

- 网络：在相同的浏览器环境下，网络是决定白屏时间的唯一因素（离线场景除外）。首屏时间、可交互节点以及动态性能中的反馈速度同样受到网络的影响，因为在

1 此处展示的是比较笼统的浏览器架构，每种浏览器的具体实现并不一样，本书只摘取一些共通之处进行展示。

解析 HTML 文档或交互操作期间会针对引用的其他资源发起网络请求。

- 渲染：资源下载完成之后便会被浏览器解析，最终渲染为可视的图像。除了白屏时间以外，所有其他的性能指标均受渲染效率的直接影响。
- 运算：此处的运算指的是前端代码逻辑而非浏览器本身的运算能力，根据具体的架构模式，运算的性能在 Web 应用的不同阶段有不同的影响。比如在完全使用 CSR 的 SPA 模式下，如果首屏的内容需要一系列计算之后再渲染（虽然这种场景并不常见也并不推荐），那么运算的性能将直接影响首屏时间和可交互节点。

如图 6-3 所示，浏览器打开URL的完整流程依次需要经过：当前文档的卸载（如果当前为空白页则无此操作）、重定向处理、缓存判断、DNS查询、建立TCP连接[1]、HTTP请求/响应处理、HTML文档解析，完成后触发window.onload事件。截至开始渲染之前，浏览器所有的操作实质上是在尝试获取URL对应的信息，不妨将此阶段称为Fetch阶段；接收到含有HTML文档内容的HTTP请求之后，浏览器开始解析和渲染工作，不妨将此阶段称为Render阶段[2]。Fetch阶段的时间消耗主要取决于网络环境，不受前端逻辑代码的影响；而由于浏览器在解析HTML文档的过程中需要获取HTML文档引用的其他静态资源，所以Render阶段的时间消耗受到网络环境和前端逻辑代码的双重影响。

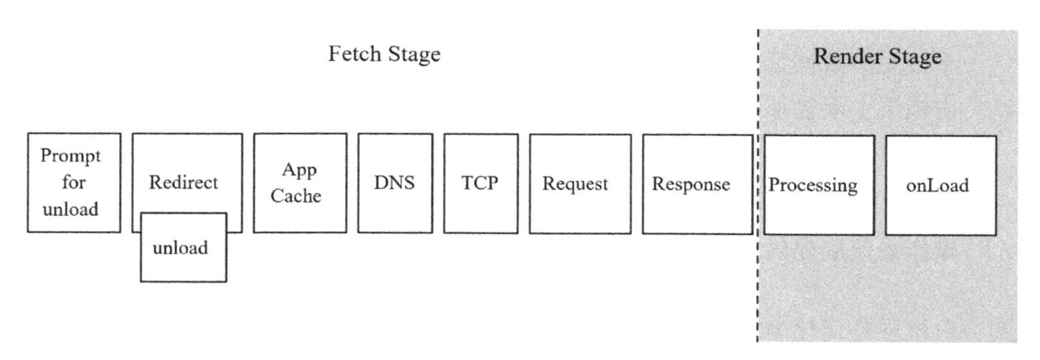


图6-3　浏览器解析URL的流程

1　HTTP 是应用层协议，理论上可以建立在传输层 TCP 或 UDP 之上，但目前普遍并且 IETF 小组推荐建立在 TCP 之上，详见链接 59。

2　Fetch 阶段和 Render 阶段是本书为了便于后续内容讲解自定义的两个概念，并非是 W3C 规范的一部分。将两个英文单词翻译为中文略显违和，所以本章后续将保持使用英文单词。

### 6.2.1 网络

根据Navigation Timing规范[1]，Fetch阶段的各操作对应的生命周期函数如图 6-4 所示，图中省略了卸载当前文档和重定向处理操作[2]。流程如下：

1. 首先尝试访问缓存，如果存在 URL 对应且未过期的本地缓存则直接绕过后续流程返回缓存数据。
2. 若不存在可用缓存，则浏览器向 DNS 服务器发起 DNS 查询请求。绝大多数浏览器都具备 DNS 缓存管理功能，比如可以在 Chrome 地址栏中输入 chrome://net-internals/#dns 查看和清除 DNS 缓存数据。另外，修改本地 host 文件也可以避免向远程 DNS 服务器发送查询请求，可节省一定的时间。
3. 获取到域名对应的 IP 地址之后，浏览器便尝试与 Web 服务器建立 TCP 连接，成功之后随即发送 HTTP 请求，接收到响应数据之后便进入 Render 阶段。

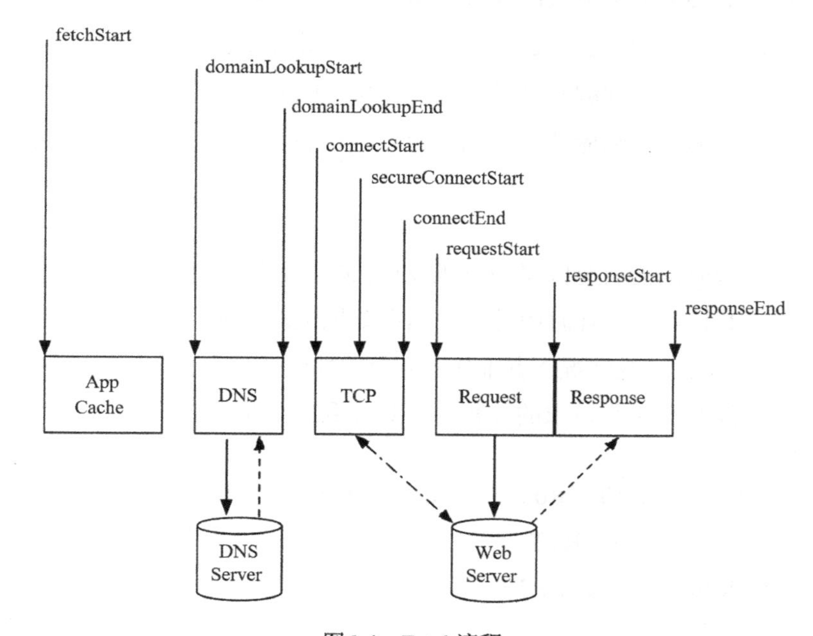


图6-4 Fetch流程

1 参见链接 60。

2 虽然本书省略了重定向操作的相关内容，但需要谨记，浏览器在处理重定向上的时间消耗非常大，现实中应当尽量避免。

在不考虑当前文档的卸载和重定向处理的前提下，Fetch 阶段的耗时总长便是前文提到的白屏时间。结合上述流程不难提炼出影响耗时的几个重要因素：

- 缓存，包括应用缓存和 DNS 缓存。
- DNS查询耗时。DNS查询请求优先使用UDP协议[1]，时间消耗非常小，并且一般都使用公共的DNS服务器，Web应用无须也无权限针对此环节进行优化。
- 建立 TCP 连接的三次握手和慢启动耗时。TCP 慢启动是一种为了防止拥塞崩溃的安全机制，原理是根据连接两方接收窗口大小（RWND）慢慢地增大拥塞窗口大小（CWND）最终达到一个最优值。这是一个非常耗时的过程，并且在达到最优解之前不能充分利用全部带宽。
- 浏览器发起 HTTP 请求和服务器处理响应数据的耗时。HTTP 是应用层协议，请求发起方需要从上至下依次经过应用层 HTTP、传输层 TCP、网络层 IP 以及链路层以太网，每一层都会追加一定字节的首部或尾部数据。接收方接收到请求之后按照此数据进行逆向解码之后才能获得传输的有效数据。
- 浏览器下载 HTTP 响应数据的耗时。此项耗时取决于网络带宽和 URL 对应资源的大小。

从以上影响白屏时间的所有因素中不难发现，除了HTTP响应数据的下载受到带宽直接影响以外，带宽在其他环节的耗时中并未占据主要地位。实际上除了音频/视频等大体积文件以外[2]，网络带宽在大多数情况下并非Web应用的性能瓶颈，通常所说的网络延迟很大一部分消耗在建立、发起和接收请求的过程中。具体到Fetch阶段：

- DNS 查询需要 1 RTT（Round-trip delay time，通信往返时间）。
- TCP三次握手需要 1.5 RTT[3]。
- HTTP 请求和响应需要 1 RTT。

---

1 当数据量大于 512 字节时，如果 DNS 服务器或客户端不支持 EDNS（DNS 扩展策略）的话，客户端会重新发送一个 TCP 请求用于获取数据。

2 现实中即使是音频/视频也通常被切分为体积较小的子文件，并且通过按需加载的方式规避网络带宽不足带来的负面影响。

3 TCP 的第三次握手之后可以立即发起 HTTP 请求，不必等待响应。所以在计算 RTT 总数时可以忽略 0.5 RTT。

- 如果使用HTTPS协议，建立TLS[1]连接还另外需要 1 RTT。

此外，在 HTTP 1.1 版本之前，每个 HTTP 请求返回响应之后都会关闭与之对应的 TCP 连接，这是一个 4 次握手消耗 2 RTT 的过程。即便不考虑 TCP 的慢启动时间，完成一个 HTTP 请求总共需要 6 RTT，假设 1 个 RTT 为 25ms，那么消耗在此环节的总耗时便达到了 150ms。作为对比，4Mb/s 带宽的网络理论上下载一个 100KB 的文件需要大约 200ms，加上 6 RTT 便是 350ms。有经验的前端开发者应该很清楚，对于目前 Web 应用的体量来说，如果每个 HTTP 请求需要花费 350ms 将是多大的灾难。幸运的是，浏览器和 IETF 小组在底层做了很多优化，开发者可以将主要精力投入业务中。

### keep-alive

keep-alive 通常被称为持久连接，简单理解就是在建立 TCP 连接成功之后始终保持连接状态以实现复用。持久连接避免了每次 HTTP 请求都关闭 TCP 连接的 4 次握手，以及新请求重新建立 TCP 连接的 3 次握手，减少了 3 RTT 和慢启动耗时。HTTP 1.1 默认启用 keep-alive，目前绝大多数 Web 应用均将此作为基础优化方案的一部分。当然，持久连接必然需要消耗更多的服务器资源，加重了服务器负载，不过与之带来的收益相比，这些成本的投入是值得的。

### HTTP 管道

keep-alive 可以实现多个 HTTP 请求复用同一个 TCP 连接，但在 HTTP 请求管理方面仍然是效率极低的传统串行模式。HTTP 请求队列按顺序发出，并且下一个请求必须等待前一个请求收到响应之后才可发出，如图 6-5 的左半部分所示。HTTP 1.1 新增的管道（pipelining）技术是在串行请求基础上的一种改进模式，队列中的 HTTP 请求仍然按顺序发出，但是下一个请求可以在前一个请求发出之后被立即发出，而不必等待前一个请求接收到响应，如图 6-5 的右半部分所示。

1 TLS（Transport Layer Security，传输层安全协议）1.3 版本初步支持 0-RTT 但尚未成熟，目前仍然需要 1 RTT 握手。

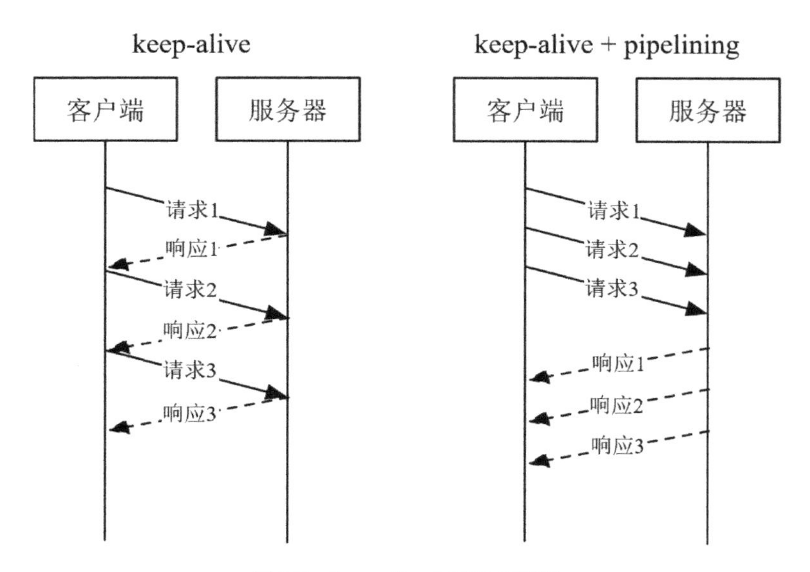


图6-5 keep-alive与HTTP管道

相较于传统的串行模式，管道技术可以有效减少多个 HTTP 请求的 RTT 总数，但仍然不是一种完美的方案。管道技术本质上是一种改进的串行模式，遵循 FIFO 策略，即 HTTP 请求队列按顺序发出，同时也必须按发出的顺序接收响应，如图 6-5 所示。HTTP 请求的发起顺序为 1-2-3，那么应答的顺序也必须是 1-2-3。这种限制带来的问题是，如果处于队列较前位置的某个请求需要服务器花费较长时间计算响应数据，那么队列中在其后面的所有请求必须等待其应答返回之后再按顺序依次应答。带入到图 6-5 所示的示例中，假设服务器处理请求 1 的应答数据需要耗时 500ms，而处理请求 2 和请求 3 分别仅耗时 100ms 和 200ms。客户端在发出请求 1 之后 550ms 收到应答，那么请求 2 和请求 3 接收到响应的时间必然在 550ms 之后。这种现象被称为队首阻塞（Head-of-line blocking）。除此之外，浏览器糟糕的实现程度也阻碍了 HTTP 管道技术的普及，目前业内应用管道技术的产品并不太多。更可惜的是，还未来得及发挥其优越性，管道技术便在 HTTP 2.0 规范中被宣告废弃，终结了其短暂的一生。

### 并行请求

借助 HTTP 管道技术并不能实现并行请求，昂贵的实施成本并没有换来相匹配的效率提升，这可能是各浏览器厂商未实现对其支持的主要原因之一。随着 Web 应用的资源数量日益增长，单个持久连接搭配阻塞式 HTTP 请求序列机制的低效率弊端越来越明显。在HTTP 2.0 尚未普及之前，各种浏览器为提高处理 HTTP 请求效率的方式非常简单粗暴：既然单个 TCP 连接不够，那就多来几个。目前主流的浏览器支持每个域名同时打开 4～8 个TCP 连接，也就是说，可以并行发起 4～8 个 HTTP 请求，处理 HTTP 请求的整体时间缩短到原来的 1/8～1/4，如图 6-6 所示。

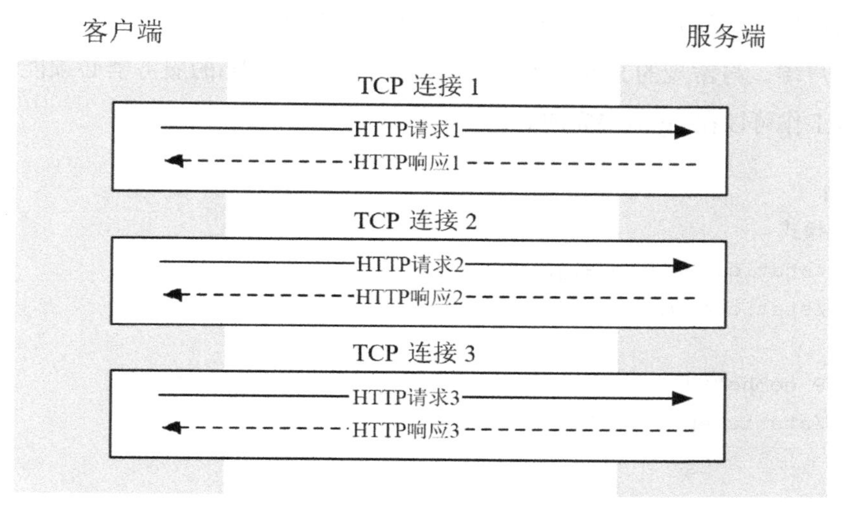


图6-6　多个TCP实现HTTP并行请求

HTTP规范的建议是最多同时打开 2 个TCP连接 [1]，但目前几乎所有的主流浏览器（包括IE）都超过了这个数字。浏览器并行TCP连接数的限制是针对域名而非IP地址的，以此为前提，为充分发挥并行请求的优势，目前一种主流的优化方案是将Web服务接口根据业务归属到不同的子域名下，静态资源拖放的CDN服务器也划分出多个子域名，这种方案被称为域名发散。

维持多个持久连接必然需要占用客户端以及服务端更多的资源（CPU 和内存等），这些消耗可能不会对 PC 主机带来很大的压力，然而如果一个 Web 应用主要面向的是硬件配备相对较差的移动设备（手机），则需要格外慎重。另外，域名发散并不意味着可以无节制地增加子域名的数量，域名的增加必然产生更多的 DNS 查询和 TCP 慢启动，这些行为带

1　参见链接 61。

来的延迟在本身就存在高延迟的移动网络环境下被进一步放大。所以，与域名发散相对应，移动端 Web 应用常使用的一种优化方案是合理地减少域名数目，这称为域名收敛。其主要目的是减少无线网络下大量 DNS 查询造成的高延迟，这在一定程度上放弃了并行请求的优势。如果资源数量很多，可以使用 HTTP combo 减少请求数量，进而提升应用的加载性能。

HTTP combo是一种应用层方案，它的实现原理非常简单，如代码 6-1 所示[1]。将两个静态文件a.js和b.js作为URL的参数发送给服务器，然后服务器将两个文件合并为一个JS文件回传给客户端。与常规的文件服务器不同的是，支持combo的服务器必须能够解析URL参数，解析工作可以在Nginx层完成。

**代码 6-1**

```
// 常规模式
http://static.app.com/a.js
http://static.app.com/b.js

// HTTP combo模式
http://static.app.com/?a.js&b.js
```

### CDN

不论是持久连接、并行请求、HTTP combo，还是夭折的 HTTP 管道技术，目的均是减少 RTT 的总数量。CDN（content delivery network，内容分发网络）则是从另一个角度出发，旨在缩短 RTT 的时长。通信行业著名的最后一公里问题指的是造成网络延迟的关键往往发生在离用户最近的一段距离上。引申到 Web 领域，DNS 查询、TCP 握手、HTTP 请求响应等所有与网络相关的功能均受到客户端与服务器空间距离的影响。CDN 的原理便是通过在靠近用户所在地的区域部署服务器，同时分配独立的域名，进而减少网络请求的延迟。目前 CDN 被广泛应用于搭建静态文件服务。

---

1　代码 6-1 展示的是一种较普遍的 combo 格式，具体到实际工作中，携带多文件参数的 URL 格式并非是固定的，比如本例中 a.js 和 b.js 以&分隔，也可以使用逗号分隔。服务器解析的规则需要进行同步调整。

### HTTP 2.0

不论是多TCP连接还是域名发散，均是立足于HTTP本身的不足，在应用层和软件架构层实施的“曲线救国”方案。这些方案在目前尚能够支撑，但瓶颈很容易被触及，即便不考虑硬件资源的消耗，无节制地增加TCP连接和域名数目这种粗暴的措施也无异于饮鸩止渴，要解决根本问题还需从根源入手。HTTP 2.0 便是一项从底层解决问题的革新技术。截止到 1.1 版本，HTTP消息均以纯文本格式传输，HTTP 2.0 将消息的传输格式改为二进制，将通信的最小单元细化为帧（frame）。每个逻辑上的消息（请求/响应）都是一个帧序列，由多个帧组成。客户端与服务端之间以流的形式进行消息传输。流是一种虚拟的通道，一个TCP连接理论上可以建立 $2^{31}$ 个流。每个帧首部携带对应的流标记，从而分属不同流的帧可以交错、乱序传输，这种机制比HTTP管道技术更进一步，打破了HTTP 1.1 的串行限制，并且消除了队首阻塞。在此机制之下，并行请求不必同时打开多个TCP通道，所有的请求可以在一个TCP连接中进行。除此以外，流本身是一种双向的通道，服务器可以主动向客户端推送消息，打破了HTTP 1.1 必须由客户端发起的请求-响应的语义。然而技术的进步是没有止境的，当一个瓶颈被突破后往往会出现新的瓶颈。建立在TCP之上的HTTP 2.0 虽然突破了HTTP 1.1 的性能瓶颈，但仍然受到TCP一些特性的制约，比如队首阻塞、窗口缩放等。好在作为应用层的HTTP本身与TCP并没有强绑定关系，即便是HTTP 1.1 理论上也可以建立在UDP之上。既然TCP成为HTTP的新瓶颈并且短时间内无法突破，那么最直接的方法就是尝试用UDP取代它。Google不负众望地又一次走在了所有人前面，其开发的QUIC（Quick UDP Internet Connections，快速UDP网络连接）于 2018 年 10 月正式被IETF确立为下一代HTTP的基础，未来我们有很大的可能会重新认识基于UDP的HTTP 3.0[1]。

短时间内 HTTP 2.0 很难得到普及，一方面是浏览器兼容性尚不理想，另一方面是服务器迁移成本太高。所以，目前针对网络的优化策略仍然主要面向 HTTP 1.1，综合以上所有论述可以归纳为表 6-1 所示的内容。

1 参见链接 62。

表 6-1 前端网络优化策略

| 整体架构 | 前端 |
| --- | --- |
| 使用持久连接<br>使用 CDN<br>无法合并的小体积文件使用 HTTP combo<br>控制域名数目 | 压缩文件体积<br>合并小体积文件，使用雪碧图和字体图标<br>避免不必要的下载<br>合理使用缓存<br>按需加载 |

## 6.2.2 渲染

浏览器在 Fetch 阶段的末尾拿到了 URL 对应的 HTML 文档的第一个字节，自此便进入 Render 阶段。浏览器在渲染过程中有三种基础数据，即定义网页结构的 HTML、描述视觉样式的 CSS 和承担交互行为的 JavaScript，每种数据类型均有对应的解释模块。HTML 解释器将 HTML 文档解析为 DOM 树，CSS 解释器将 CSS 解析为 CSSOM，渲染引擎按照 CSS 选择器规则将 DOM 与 CSSOM 关联之后对每个 DOM 应用样式和布局，最终绘制为可视的 UI。整个流程如图 6-7 所示。

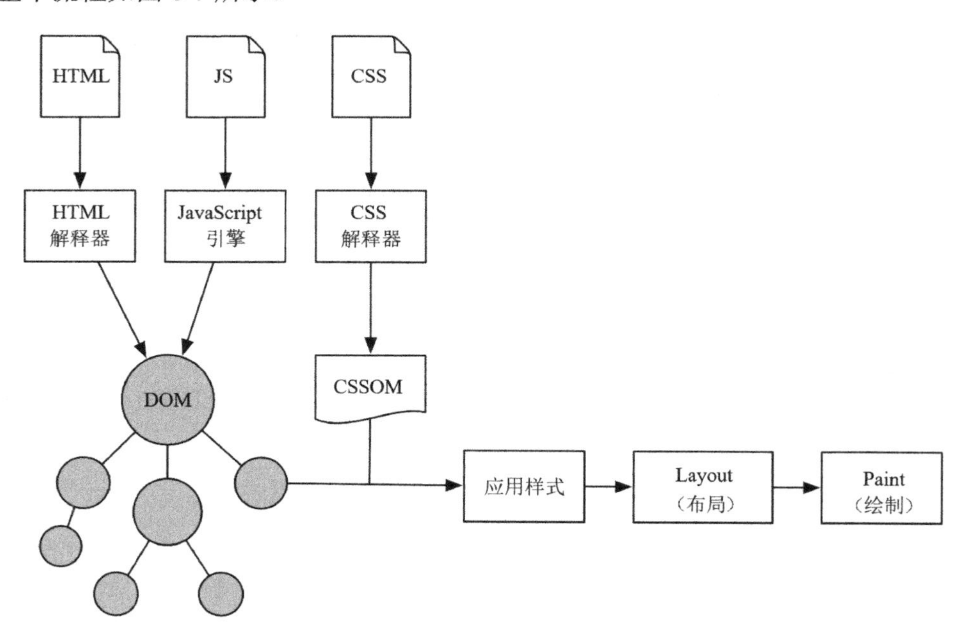


图6-7 渲染流程

浏览器在渲染 HTML 文档期间，每逢遇到非异步的<script>标签则暂停文档后续内容的解析和渲染，待 JavaScript 文件加载和执行完毕之后再恢复解析，如图 6-8 所示。之所以对<script>标签应用阻塞式的解析策略，是因为 JavaScript 拥有改变 HTML 文档结构的权限，它会改变 DOM 树的具体形态，进而影响最终的视觉效果。

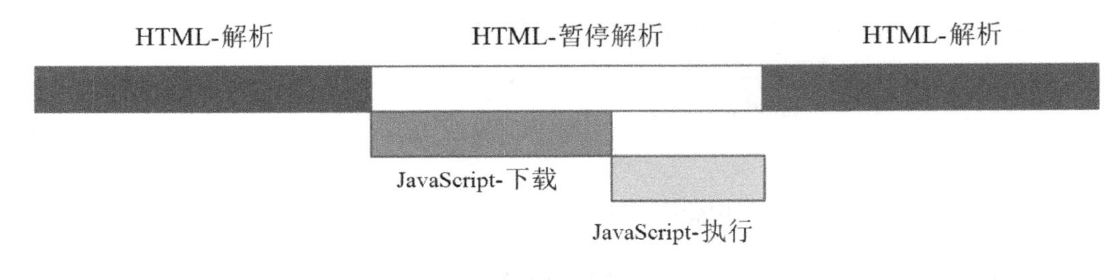


图6-8 同步<script>解析流程

除了极个别场景下需要用到同步<script>（即加载完成之后立即对 DOM 进行操作）以外，目前绝大多数 JavaScript 代码逻辑的执行均推迟到 DOMContentLoaded（对应 jQuery 的 document.ready）或 window.onload 之后，此时 HTML 文档的初始结构已经被渲染完成。这也是将<script>标签放置于<body>末尾成为前端性能优化的一项普遍准则的主要原因之一。另一个原因则是受限于<script>标签的同步特性，defer 和 async 突破了这项限制，进而令<script>标签的位置选择有更高的自由度。

### defer&async

从字面上理解，defer意为推迟，async意为异步。async是HTML5 规范的新特性 [1]，优先级高于defer，也就是说，如果一个<script>标签同时存在async和defer属性（虽然可能没人这么做），那么浏览器将对此标签应用async策略。defer早在HTML4 中便已成为规范的一部分，浏览器的兼容性表现优于async，部分不支持async的低版本浏览器会将其降级为defer。浏览器在解析HTML文档时，不论<script>标签是否有defer或async属性，均会立即下载其src指定的JS文件，defer、async以及同步<script>标签的区别体现在JS文件的执行时机上。defer和async的共同之处是，JS文件的下载过程均不会阻塞HTML文档的解析和渲染，这也是它们优于同步<script>的主要原因之一。

1 参见链接 63。

defer 所谓的推迟，并不是推迟 JS 文件的下载，而是将其执行时机推迟到 HTML 文档解析完成之后、DOMContentLoaded 之前，如图 6-9 所示。

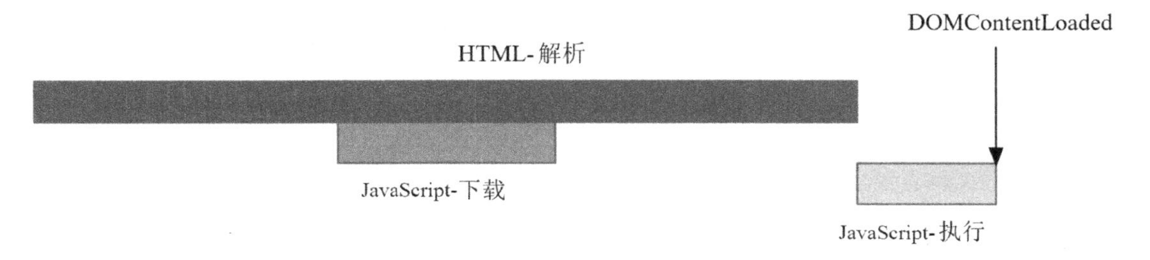


图6-9　<script defer>解析流程

同时，defer 与同步<script>的相同点是其执行顺序与<script>标签在 HTML 文档中的顺序保持一致。目前大多数浏览器都支持并行下载，相邻的两个<script>标签对应的 JS 文件可以同时被加入下载序列，而由于静态服务器状况以及文件体积等差异，下载完成的顺序并不一定与<script>标签的顺序一致，比如代码 6-7 所示的两个 JS 文件可能 b.js 先于 a.js 下载完成。即便如此，defer 和同步<script>也会等待 a.js 下载并执行完成之后再执行 b.js，如图 6-10 所示。

**代码 6–7**

```
<script defer src='Https://static.app.com/a.js'></script>
<script defer src='Https://static.app.com/b.js'></script>
```

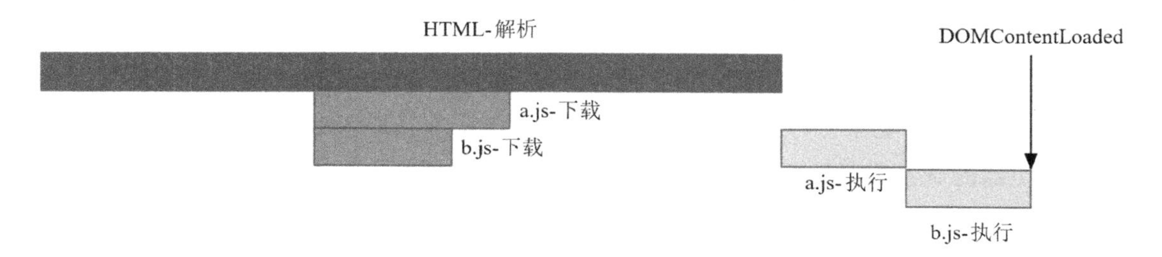


图6-10　<script defer>解析顺序

async 代表的异步<script>标签的工作原理与 JavaScript 异步逻辑类似，即“异步下载，同步执行”。与 defer 相同的是，JS 文件的下载过程不会阻塞 HTML 文档的解析，其执行可以理解为下载完成之后的“回调函数”。async 声明的<script>标签对应的 JS 文件一旦被下载完成便立即执行，并且其执行期间浏览器将暂停 HTML 文档的解析，如图 6-11 所示。与 defer 不同的是，async 与 DOMContentLoaded 事件之间没有任何关联性，它不会阻塞 DOMContentLoaded 事件的触发时机，反过来讲，DOMContentLoaded 也不会等待 async 对应的 JS 文件被执行完成。

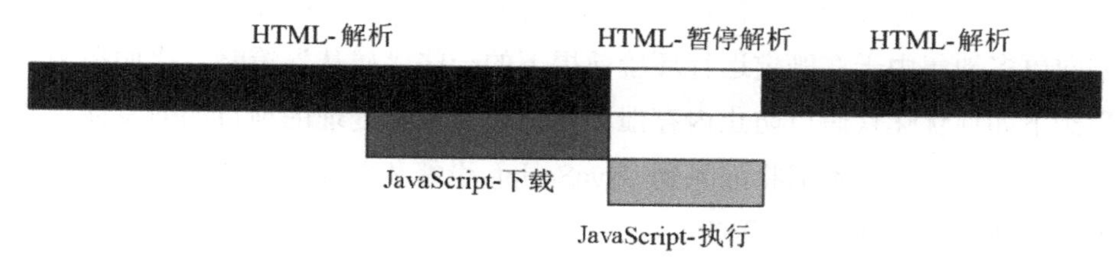


图6-11　<script async>解析流程

此外，async 的执行是无序的，任何一个 JS 文件被下载完成之后都会被立即加入 JavaScript 执行序列中，不会考虑各自对应的<script>标签在 HTML 文档中的顺序。将代码 6-7 中的 defer 替换为 async，如果 b.js 先于 a.js 下载完成则会立即被执行，如图 6-12 所示。

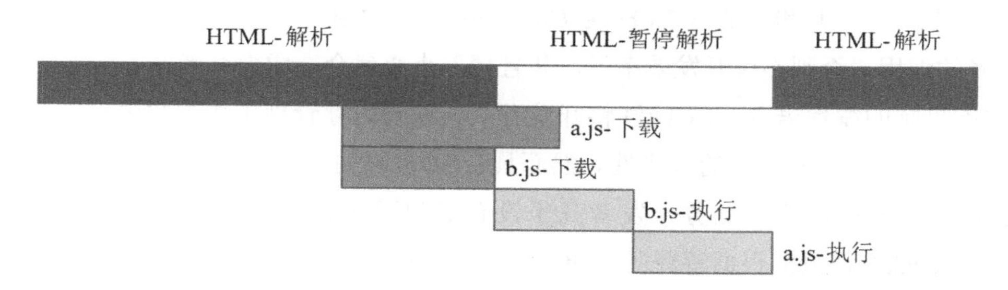


图6-12　<script async>解析顺序

对比defer和async的工作原理，defer似乎是相对较优的选择，但两者针对的是完全不同的应用场景。对于需要与HTML文档同步加载并且对执行顺序敏感的JS文件而言，为其<script>标签添加defer属性并且置于HTML的<head>中可以提前触发JS文件的下载，并且充分发挥浏览器并行请求的优势。待HTML文档解析完成之后可以立即执行JavaScript逻辑，进而提前到达页面的可交互节点。async则更适用于按需加载、逻辑独立的异步JS模块 [1]，比如两个没有依赖关系的异步模块A和B，它们的逻辑相对独立和无序。

1　事实上，对于动态创建的<script>标签，其 async 属性默认为 true。

综上所述，在浏览器解析 URL 并渲染为可视化的图像期间，性能优化的主要宗旨是尽快地获取数据和渲染 HTML 文档。网络方面着力于优化整体的服务架构，渲染方面则是尽量推迟 JavaScript 代码的执行以避免或缩短其对浏览器解析和渲染 HTML 的阻塞时长。两者均侧重宏观结构，与实现交互功能的具体逻辑代码无关。前端与其他技术开发领域最显著的差异之一是运行环境的单一性，所以除了普遍编程意义上的算法优化以外，前端性能优化的方向更多地集中于在既定运行环境前提下的一些“屈从”策略，比如在浏览器有限的内存配额下如何优化代码以防止内存泄漏、涉及大数据处理的项目如何发挥浏览器的极限运算性能等。接下来，本书将深入到 JavaScript 引擎和前端领域的一些未来技术，探索 JavaScript 代码层面的性能优化策略。

## 6.3 内存管理

熟悉C或C++的读者应该对malloc和free不陌生，它们是用于分配和释放内存的常用方法。由于C语言没有垃圾回收（Garbage Collection，简称GC）机制，开发者必须时刻谨慎处理两者的调用，否则不仅开发效率低，并且稍不小心就会造成内存泄漏。JavaScript是一种拥有GC机制的编程语言，GC能够将开发者从烦琐的内存管理工作中解脱出来，很大程度上提升了开发效率和代码的容错性。然而具备GC机制的语言也并非全无坏处，由于GC属于解释层[1]模块，所以业务开发者几乎没有任何可干预的空间，一旦出现内存泄漏（Memory Leak）便只能根据解释器的GC策略做出调整。对于JavaScript而言，每种引擎的GC算法都或多或少地存在一定差异，有时难免需要编写一些特定的适配逻辑。不过截至目前，虽然各JavaScript引擎的GC算法仍旧存在细节上的差异，但在语言层面的优化策略基本达成了统一。下面我们通过简单介绍常见的JavaScript引擎的GC算法来分析引起内存泄漏的根本原因，进而探索如何编写对内存友好的JavaScript代码。

> 编程语言丰富多样，GC 策略也各有各的不同。根据对语言层开放程度的不同可以分为三种：全 GC、无 GC 和半 GC。全 GC 在语言层是绝对封闭的，没有提供任何可

1 编程语言的解释层指的是用于执行语言代码的程序，如 JavaScript 的解释层为 JavaScript 引擎，Java 的解释层为 JVM。

干预其工作的语言层接口，JavaScript 便属于此类；无 GC 的语言本身没有 GC 机制，需要开发者在业务代码中手动处理内存，最典型的是 C 语言；而半 GC 是介于两者之间的中合体，比如 Java，在大多数情况下，开发者不需要在业务代码中编写 GC 逻辑，但在一些特殊的情况下，开发者可以使用 System.gc()强制触发 JVM 的 GC 行为。除了以上三种以外，编程语言界还存在一个“异类”——Rust 语言。传统意义上的 GC 行为是在运行时（Runtime）进行的，但 Rust 却是在编译期（Compile）进行的。准确地说，应该是 Rust 编译器在编译过程中会检测哪些代码片段需要涉及 GC，然后在适当的地方插入回收内存的逻辑，进而在运行时能够合理地触发 GC。简单来讲就是编译器修改了业务代码。Rust 这种另类的 GC 策略令很多人误以为它没有 GC。

### 6.3.1 GC 算法

在讲解具体的 GC 算法之前有必要对 GC 领域内容易引起歧义的几个专业术语进行说明，这些术语在其他领域也存在，但含义却完全不同。

第一个术语是：对象（object）。熟悉 OOP 的开发者想必对这个词汇非常亲切，在 OOP 的世界里，对象是一个虚拟的概念，通常指“具有某些属性和方法的逻辑体”。但是在 GC 领域，对象指的是“一个供应用程序使用的数据所对应的内存集合”。对象由两部分组成：头（header）和域（field）。header 的概念和作用与计算机网络的报文头大致相似，用于储存跟具体数据无关的信息以辅助 GC 算法的实施。fields 则负责储存具体的数据，它是一个统称，一个对象可以有多个 field，如图 6-13 所示。

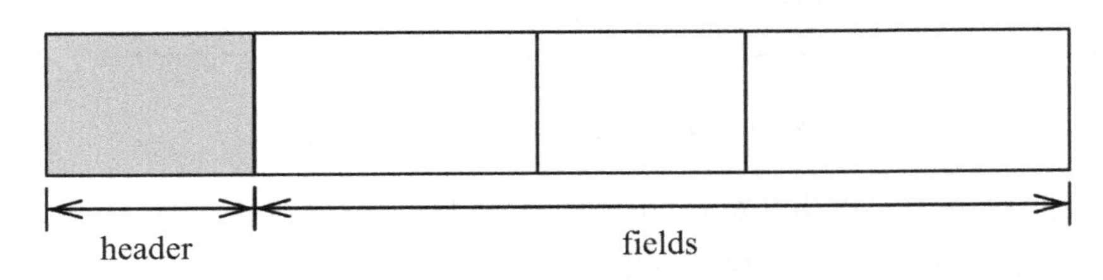


图6-13 内存对象结构

第二个术语：根（root）。GC 领域的所有对象组成了一个树形结构，根便是树的根节点。具体到前端开发领域，可以将其理解为浏览器的 window 对象或 Node.js 的 global 对象。

请牢记以上两个术语，它们将会在我们后续的讲述中占据非常重要的位置。下面我们将介绍 JavaScript 引擎最常见的两种 GC 算法：标记清除算法和引用计数算法。

### 标记清除算法

标记清除（Mark-Sweep）算法是目前应用较广泛的 GC 算法之一，绝大多数 JavaScript 引擎的 GC 算法都是在标记清除算法基础上的变种，比如 V8 的标记压缩（Mark-Compact）算法。标记清除算法分为两个阶段：标记阶段和清除阶段。下面我们通过一个简单的示例说明这两个阶段各自负责的工作。

图 6-14 展示的内存结构有以下特征：

- c 和 f 被根节点直接引用，可以将两者理解为全局变量。
- c 引用了 a，f 引用了 e，b 引用了 d，g 没有引用其他对象，也没有被其他对象引用。

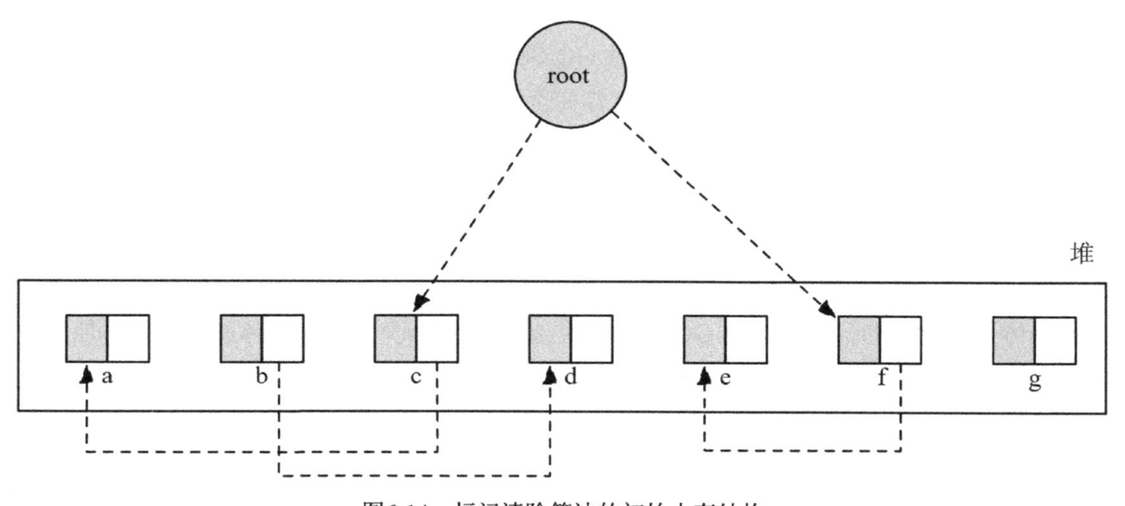


图6-14　标记清除算法的初始内存结构

另外需要说明的是，图中各对象之间的空隙是为了视觉上便于区分，实际上所有对象在内存中均是相邻的，中间没有任何空隙。

标记阶段的作用是以根节点作为起点，使用深度优先搜索[1]（depth-first search，简称 DFS）算法向下遍历所有对象，并在搜索到的所有对象的头部添加标记。根据图 6-14 所示

1　与之相反的是广度优先搜索（breadth-first search，简称 BFS）算法。

的引用关系，直接被根节点引用的c和f以及被两者引用的a和e，在标记阶段分别被搜索到并在其头部中添加了标记信息。而d虽然被b引用，但是b未关联至根节点，所以两者均不会被搜索到。图 6-15 展示的是标记阶段完成后的结果。

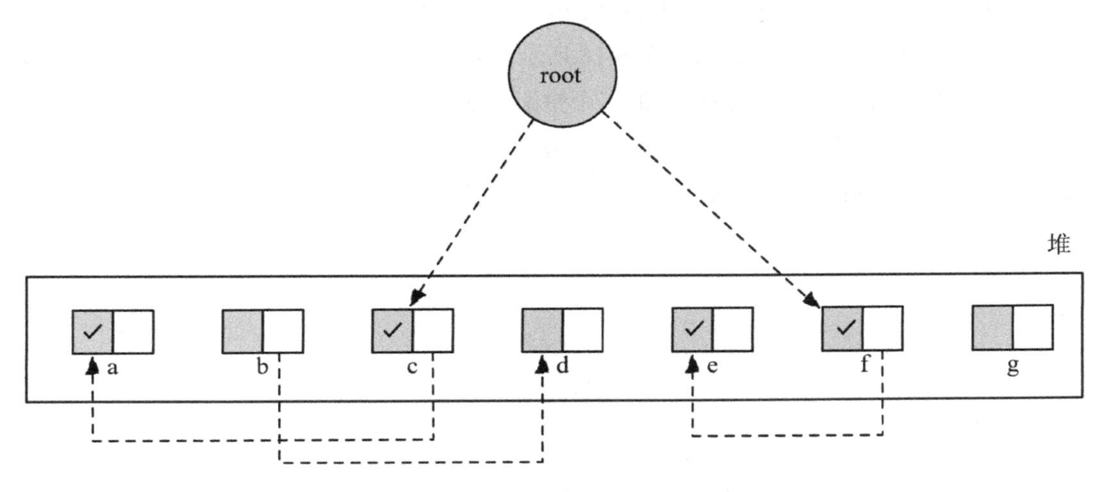


图6-15 标记清除算法的标记阶段

随后，清除阶段在标记结果的基础上删除所有未标记的对象，并且清除已标记对象头部中的标记信息以便下一次 GC 流程能够正常进行，如图 6-16 所示。

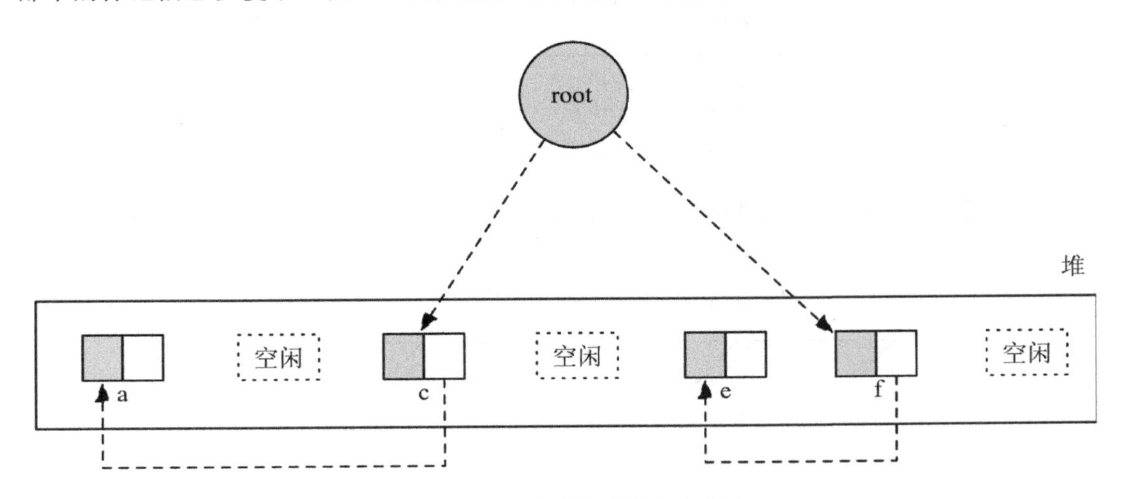


图6-16 标记清除算法的清除阶段

到此为止，标记清除算法的主体已经全部完成，但在具体实施时仍有一些额外的后续补充逻辑。请注意图 6-16 中未标记的对象被清除之后，它们对应的内存空间便成为空闲状态，造成剩余的 4 个对象被分块储存在非连续的内存空间中，这种状况称为碎片化（fragmentation）。碎片化的危害主要有两点：第一，分块的内存的查询效率远低于连续内存；第二，会造成储存空间的浪费。假设图 6-16 所示的剩余的空闲内存分别为 1MB/2MB/3MB，如果此时应用程序需要 4MB 内存，但三个空闲分块均不满足需求，即使三者的总和大于 4MB 也不会被利用。所以通常在清除阶段完成之后会额外地增加一个合并（coalescing）逻辑，其作用类似于 Windows 系统的磁盘整理，即将碎片化的内存重新合并为连续的内存空间，如图 6-17 所示。

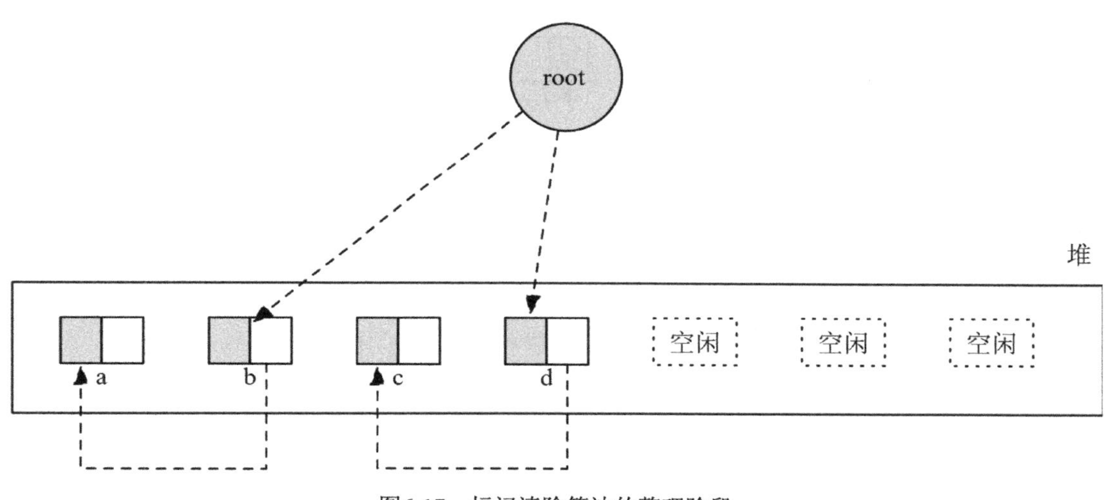


图6-17　标记清除算法的整理阶段

综上所述，完整的标记清除算法在具体实施中可以概括为图 6-18 所示的流程。

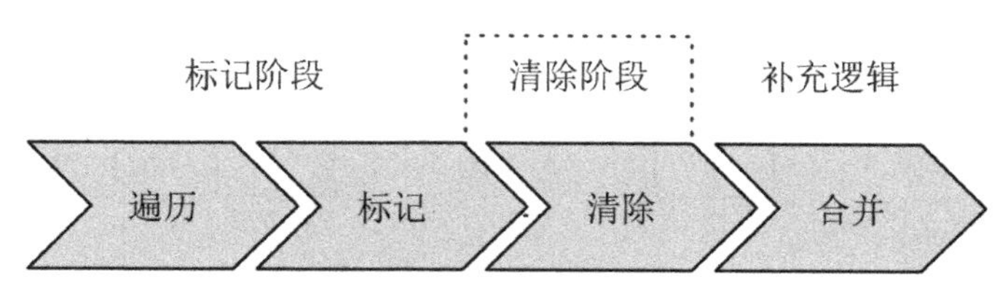


图6-18　标记清除算法的流程

标记清除算法的优点是足够简单，进而可以在此基础上演变出更完善的 GC 算法。但缺点同样明显，首先，需要额外补充逻辑以解决内存碎片化问题；其次，标记阶段的遍历所消耗的时间跟对象的数量和规模成正比，清除阶段的耗时跟堆的容量也成正比，也就是说，标记清除算法的执行效率随着数据量的增长而下降。有过前端大数据编程经验的开发者可能都或多或少地有过这样的经历：当数据量增长至 5 位数以后，浏览器的 GC 操作非常影响代码的执行效率和动画的帧率，极端情况下甚至会造成浏览器进入短时间的“卡死”状态；最后，使用标记清楚算法的 GC 操作实质上是一个独立于业务代码逻辑的线程，它就像一个定时器，浏览器每隔一段时间执行一次 GC 逻辑，这种工作方式无疑会增加浏览器的负荷。

### 引用计数算法

引用计数（Reference Counting）是 IE6 和 IE7 引擎所采用的 GC 算法，目前在浏览器市场中已经绝迹。虽然它已经成为历史的产物没有太大的讨论意义，但作为对比，了解其细节有助于加深理解标记清除算法的优势，所以接下来我们对引用计数算法做一些简单的介绍。

使用引用计数算法最著名的莫过于微软的COM技术[1]，IE6 和IE7 引擎均建立在COM技术的基础之上，自然也沿袭了相同的GC策略。引用计数算法的工作原理并不复杂，每个对象的头部中有一个计数器用于记录引用它的对象个数，每当有新的引用产生时，计数器立即加 1，反之减 1。当计数器的值变为 0 时便说明此对象再无引用者，可以被安全地销毁。仍然以上文的示例作为演示，图 6-14 所示的引用结构在引用计数算法下表现为图 6-19 所示。对象b和g的计数器均为 0，两者会被立即回收，由于b被销毁，d的计数器也会变为 0 进而被销毁。

1 Component Object Model（组件对象模型，简称 COM）是微软制定的一套软件组件的标准接口，详见链接 64。

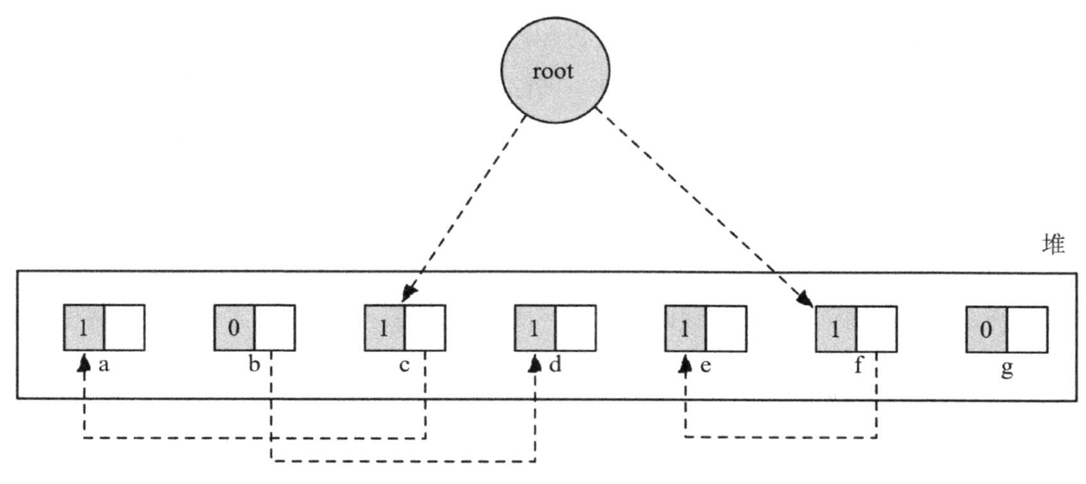


图6-19 引用计数算法的内存结构

乍看之下，引用计数算法不需要遍历整个树形结构，销毁对象也不会受到堆容量的影响，执行效率远胜于标记清除算法。但是引用计数算法有一个难以绕过的缺点：无法处理循环引用。而这个缺点在前端业务场景下被放大到了难以容忍的地步。将图 6-19 所示的对象结构稍加改动，将对象 b 和对象 d 建立互相引用关系，如图 6-20 所示。

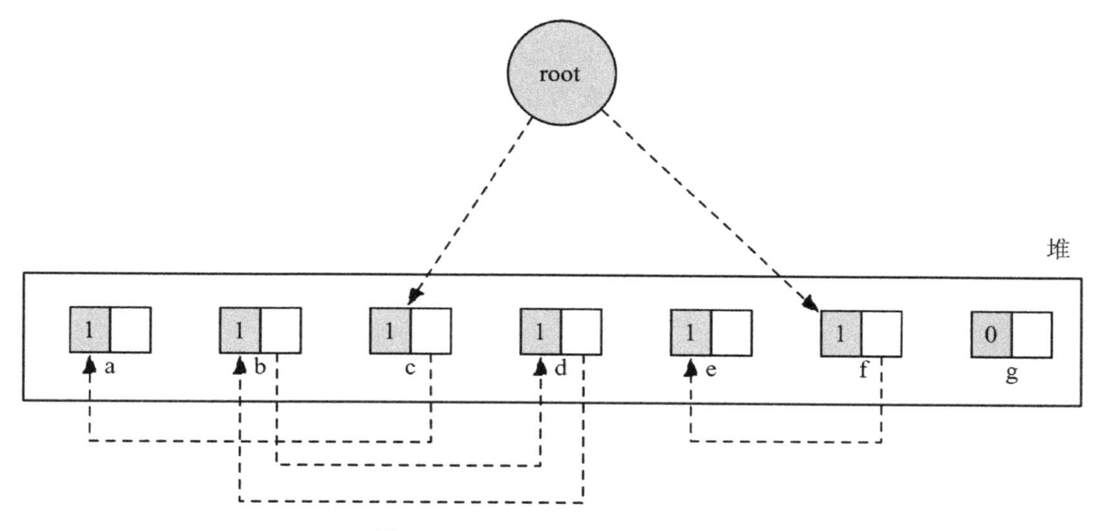


图6-20 引用计数算法的循环引用

跟改动之前一样，对象 g 的计数器为 0 被销毁，而对象 b 和对象 d 由于存在循环引用，两者的计数器均为 1 进而不会被销毁。但问题是，除了两者互相引用之外再没有第三者引用这两个对象，所以无论通过什么途径均访问不到它们。而触发这个问题的业务场景在前端开发中非常普遍，请看代码 6-8。

**代码 6-8**

```
function init(){
  const el = document.getElementById('test');
  el.onclick = function hanlder(event){
    el.innerText = 'clicked';
  };
}
init = null;
```

id 为 test 的 DOM 和函数 handler 形成了循环引用关系，两者的引用计数都不为 0，即便将函数 init 的指针赋值为 null 也不会令浏览器将两者销毁。而由于 el 是函数 init 的局部变量，两者也存在引用关系，所以 init 函数对应的内存空间也不会被释放。这种问题随着前端逻辑的加重会跟滚雪球一样越滚越大，最终达到让人无法容忍的地步。

综上所述，引用计数算法之所以被 JavaScript 引擎淘汰固然有自身的原因，但更重要的是，它的缺点在前端业务场景中被无限放大。反之，虽然标记清除算法在某些场景下的执行效率逊于引用计数算法，但它没有明显的短板，是目前实现 JavaScript GC 策略的最佳选择。一方面是因为，以大多数前端项目的数据规模而言，GC 效率远没有成为性能的瓶颈；另一方面，即使数据量非常庞大，也可以借助其他技术在一定程度上弱化 GC 引起的性能损耗，比如 WebGL、WebAssembly 以及 TypedArray 等。

## 6.3.2 内存泄漏

在运行应用程序时，计算机管理内存的一般流程是分配→使用→释放，如此循环。内存泄漏指的是一些分配出去的内存空间在使用完后没有被释放。这些残留的冗余对象毫无用处但却占据着内存空间。大量的内存泄漏会造成因可用内存不足而导致应用程序崩溃甚至操作系统宕机。通过 6.3.1 节介绍的 GC 策略，可以总结出造成 JavaScript 内存泄漏的根本原因是不合理的引用。由于 JavaScript 引擎的 GC 操作在语言层面是完全封闭的，开发者没有任何直接干预的权限，所以只能通过编写更合理的代码以避免发生内存泄漏。而JavaScript是一门非常灵活的解释型语言，它可以容忍很多不好的编码习惯，并且在代码运行之前你无法检测到其中的错误。这些特征令保持JavaScript代码的合理性成为一件非常困难的事情。

**避免全局变量**

尽量减少或避免在全局作用域内创建对象，几乎已经成为前端开发领域内的一条铁律，每个前端开发者在初入行或面试过程中都会或多或少地被问及全局变量的危害性，比如命名冲突、破坏封装性、存在安全隐患等。全局变量也非常容易引发内存泄漏，代码6-9在非严格模式下没有任何警告和错误。

**代码6–9**

```
function foo(){
  bar = 1;
}
foo();
foo = null;
```

运行函数foo会将bar挂载到window对象上，即便随后将foo指针赋值为null也不会清除bar占用的内存空间，这是一个典型的内存泄漏问题。类似这种对未声明变量直接赋值的低级错误在严格模式下会抛出ReferenceError，很容易被暴露和修复。但现实工作中遇到的问题要复杂得多，并非都像这类错误一样容易检测。在有些不得不使用全局变量的场景下，比如开发一个工具库或者框架，则必须谨慎处理各对象和模块之间的引用关系。

**谨慎处理闭包**

闭包的典型特征是在函数内部可引用外层作用域内的变量，它是JavaScript的核心特性之一。这种“神奇”的引用关系很明显对GC是一项重大的挑战，如果使用不当很容易造成内存泄漏。请看代码6-10:

**代码 6-10**

```
function searchRankingByName(){
  const list = getListFromDB(); //从数据库获取名单
  const err = new Error('抱歉！您不在榜单内。');
  return function(name){
    const index = list.indexOf(name);
    if(index===-1){
      return err;
    }else{
      return index;
    }
  }
}
const search = searchRankingByName();
search('张三');
```

searchRankingByName()函数的作用是从数据库中获取排名榜单，并且返回一个函数用于查询指定名称的排名情况，如果名称不在名单之内则返回错误对象 err。将名单数组 list 作为函数 searchRankingByName()局部变量的原因是名单是固定的，不会随着查询改动，没有必要每次查询都再获取一次。将 err 对象置于外层作用域的目的是，避免每次查询都创建一个 Error，创建一个共用的能够节省一点消耗，这么做也能说得通。但其实 new 一个 JavaScript 对象的消耗对于现代浏览器来说几乎可以忽略不计，这种做法的弊端是令 err 对象始终占据着内存空间，无法被释放。

这是一个比较极端的例子，因为 err 对象占据的内存空间非常小，即便造成内存泄漏也几乎可以忽略不计。但现实工作中很多时候并不是一个小小的 Error 而是非常庞大的对象。之所以举这个例子，是为了表明在使用闭包时一定要把数据进行合理的作用域划分，分清楚哪些适用于放在外层作用域，哪些适合放在返回的函数中。

**使用编译工具**

上文列举的反面示例中包含了一些不好的代码，在计算机编程领域，这些可能引起深层次问题的“坏”代码被称为代码异味[1]（Code smell）。在前端这个技术工种诞生以来的很长一段时间内，开发者们检测代码异味的途径基本上只有人工代码审核（code review）这一条路，而现代前端较之历史最大的进化之一便是拥有丰富的框架和工具，可以辅助前端开发者搭建自动化工程体系。令代码异味“自动”暴露出来的途径有两种：一是使用代码检测工具扫描原生JavaScript代码，比如ESlint、SonarQuebe[2]等；二是用编译型语言取代原生JavaScript，比如CoffeeScript、TypeScript等。TypeScript是目前最流行的JavaScript超集语言之一，它的编译器非常强大，可以检测出代码中的一些问题隐患，比如上文提到的全局变量。另外，TypeScript为JavaScript加入了强类型，开发者可以通过接口（Interface）和高级类型（类似C++的结构体Struct）规范数据结构，能够在一定程度上减少对象之间不合理的引用。

## 6.4 极限运算性能

如果你是一位资深的前端开发者或者互联网用户的话，不妨试着回想 5 年前，那时候PC是互联网的主要战场，IE仍然占据着浏览器江湖的半壁江山。你认为当时Web网站体验最差的地方是什么？我的回答是：加载缓慢和操作卡顿。那么请再思考一下现在（2019 年）的Web网站是否仍然存在这两个问题？当然我们还是会经常吐槽某些网站缓慢的加载速度，但是操作卡顿的情况却越来越少。除了代码质量这种不可控的因素以外，造成加载缓慢和操作卡顿的症结分别在于网络延迟和浏览器的运算能力。依 6.2 节所述，造成网络延迟的因素是多方面的，对应的优化策略也需要从多个角度同时切入，任重而道远；而造成操作卡顿的原因却非常单一，浏览器非常有限的运算能力是唯一的瓶颈。跟 5 年前相比，现代浏览器的运算能力已经达到了令人惊叹的地步，市场中不乏一些交互丰富性和流畅度可媲美桌面应用的Web应用，比如Google地图和云游戏平台Statia[3]。另外，在React/Vue等优秀前端框架的辅助下，最消耗性能的DOM操作也实现了轻量化和精细化。目前浏览器的运算能

1 参见链接 65。

2 SonarQuebe 是一个代码质量审查工具，可以检测出代码中的 bug 隐患、异味以及单元测试覆盖率等。详见链接 66。

3 Statia 是 Google 在 GDC 2019 公布的云游戏平台，用户可以在浏览器中玩客户端游戏。截止到 2019 年 6 月，Statia 支持的游戏已经超过了两位数，其中不乏《刺客信条：奥德赛》《NBA2K》等大型游戏。

力对开发者的代码质量有很高的容忍度，一些在 5 年前能够造成极大性能损耗的代码放在今天甚至可以忽略不计。

但这并不意味着开发者可以毫无顾忌，业务需求的增长速度远超技术的发展，Web 应用的体量终有一天会增长至如今的几倍、几十倍甚至更高。即使抛开对未来的考虑，今天的复杂图形类 Web 应用（如游戏、地图、WebVR 等）也已非常接近浏览器运算能力的瓶颈。对于从事这些行业的前端开发者来说，必须想尽一切办法将浏览器的运算能力发挥到极致。

### Web worker 与并行计算

单线程的JavaScript无法实现并行计算，所以当浏览器处理计算量庞大的逻辑期间会进入“假死”状态，用户的任何操作均得不到反馈。Web worker是HTML5 规范的一部分[1]，借助它可以在浏览器后台创建一个独立的worker线程运行JavaScript代码，实现多线程并行计算。务必注意的是，Web worker并不是JavaScript语言的一部分，而是浏览器基于JavaScript单线程现状的一种补充技术，与之类似的如Node.js的child_process[2]和Ruby on Rails的worker_pool[3]等。

Web worker与主线程之间的协作方式是Master-Worker模式[4]的一种实现，顾名思义，主线程与worker线程之间是主（master）从（worker）关系，或者通俗地理解为雇佣和被雇佣关系。worker线程有以下特征。

- 被动性[5]：worker线程不能自行启动，也不能加载其他worker，必须等待主线程下发“指令”。
- 独立性：worker 线程不与主线程共享数据，并且有独立的执行上下文。
- 无状态性：worker 线程完成主线程交付的“任务”之后将“工作成果”递交至主线程。

1　参见链接 67。

2　参见链接 68。

3　参见链接 69。

4　也被称为 Master-Slave 模式或 Map-Reduce 模式，是实现并行计算的一种基础模型。

5　worker 的启动必须由主线程发起，这是其被动性的表现之一，但是这并不意味着 worker 线程不能主动地向主线程发送消息。worker 线程一旦被启动，随时可以通过 postMessage 向主线程发送消息。

- 线程安全：浏览器只允许主线程操作 DOM，worker 线程不能访问 window、document 等任何与 DOM 相关联的全局变量和 API。

从以上特性不难看出，worker 线程的主要工作是进行数据的运算，不参与 UI 相关的任何行为。将运算量大的逻辑置于后台 worker 线程中，这样便不会因数据量大或运算逻辑复杂造成 JavaScript 线程阻塞，从而令主线程专注于实现流畅的用户交互和渲染。

Actor模型[1]是一种 1973 年被提出的、“古老”的并行计算抽象模型，根据作者Carl Hewitt的表述，其灵感来自物理学。Web worker的工作模式与Actor模型非常契合，各worker线程独立、不存在多线程死锁问题、无任何共享数据并且不需要特别精细的多线程调度策略等特征恰好规避了Actor模型的缺陷。Actor模型理论上将Actor视为并行计算中的最小基元，可以进行本地决策、管理私有状态、创建更多Actor、发送/响应消息以及与其他Actor通信等。

> Actor模型是一种概念抽象，具体实现根据业务场景有多种变体，本书不做过多介绍。使用Scala语言编写的Akka[2]是对Actor模型应用最透彻的并行计算工具库之一，并且目前JavaScript版本的Akka.js也已推出，感兴趣的读者可以自行查阅相关资料。另外，关于Actor模型应用于前端开发的具体实践可以参见Chrome dev summit 2018 的一篇分享——*Architecting Web Apps - Lights, Camera, Action!*。[3]

### WebAssembly

WebAssembly（简称WASM）的意思是“适用于Web的汇编（assembly）语言”，它起源于Mozilla的Asm.js[4]，是一种运行于浏览器环境中的二进制代码。与汇编语言不同的是，WASM具有平台无关性[5]；与汇编语言相同的是，WASM的定位是应对要求高性能的业务场景，比如 3D游戏、WebVR/AR、音视频等。在编写方式上，可以使用特定的工具直接编写其对应的文本，然后编译为二进制WASM，但更普遍的方式是使用高级语言编写逻辑然后编译为二进制格式，目前支持编译为WASM的语言包括C/C++、Rust、Go等。这意味着前

---

1 参见链接 70。

2 参见链接 71。

3 参见链接 72。

4 参见链接 73。

5 在不同的设备上，汇编语言对应不同的机器语言指令集，不具备可移植性。

端开发领域在JavaScript以外有了更多的编程语言选择。

目前各浏览器对WASM的支持度尚未达到能够广泛应用的程度，WASM的规范也不断被推进和完善。二进制的WASM能够提供高于JavaScript几倍甚至更高的计算性能，所以目前最佳的实践方式是将WASM代码运行在worker线程中，功能上专注于纯粹的数据计算。但WASM工作组有计划在未来为WASM加入GC[1]和访问DOM的能力[2]，功能更加接近JavaScript。JavaScript在将来是否会被WASM完全取代目前来看仍然是未知数。

### WebGPU

对于核心聚焦于交互逻辑和 UI 的前端来说，涉及高性能计算的项目几乎没有纯粹的数据计算，绝大多数是复杂的图形类应用。基于此，便可以将图形编程领域的诸多优化策略带入前端领域，最典型的便是将计算交付给比 CPU 性能更高的 GPU 执行。WebGL 1.0 目前的浏览器支持度已经达到比较理想的程度，加上 Flash 被逐步淘汰，WebGL 基本已经统治了复杂图形类 Web 应用的开发市场。WebGL 的着色器（Shader）逻辑在 GPU 中执行，计算性能远高于 JavaScript。WebGL 底层基于 OpenGL，着色器的编译和链接均在 OpenGL 层进行，如图 6-21 所示。

虽然OpenGL是目前应用最广泛的 3D图形渲染技术之一，但这项诞生于 1992 年的技术也仍然难以避免被后来者超越逐渐成为历史的产物。自 2014 年起，Apple、Google和MicroSoft相继发布各自的新一代 3D图形技术Metal[3]、Vulkan[4]和Direct3D 12[5]，并且Apple在WWDC 2018 上宣布macOS 10.15 及以上版本将移除对OpenGL的支持。与新一代图形技术相比，OpenGL最大的优势是可移植性，而过多地倾向平台无关性必然会存在一些对特定平台冗余的功能和消耗，所以新一代图形技术的重点之一便是性能的提升。与之对应，底层图形技术的改革必然也会影响Web图形技术，所以新一代Web图形技术WebGPU应运而生。跟Vulkan相对于OpenGL的优势类似，WebGPU相对于WebGL的优势主要体现在性能的提升上。虽然以目前的浏览器支持程度而言，距离WebGL 2.0 的普及仍然十分遥远，但遗憾的

1 参见链接 74。
2 参见链接 75。
3 参见链接 76。
4 参见链接 77。
5 参见链接 78。

是，在被广泛应用之前便可能会被WebGPU取代。

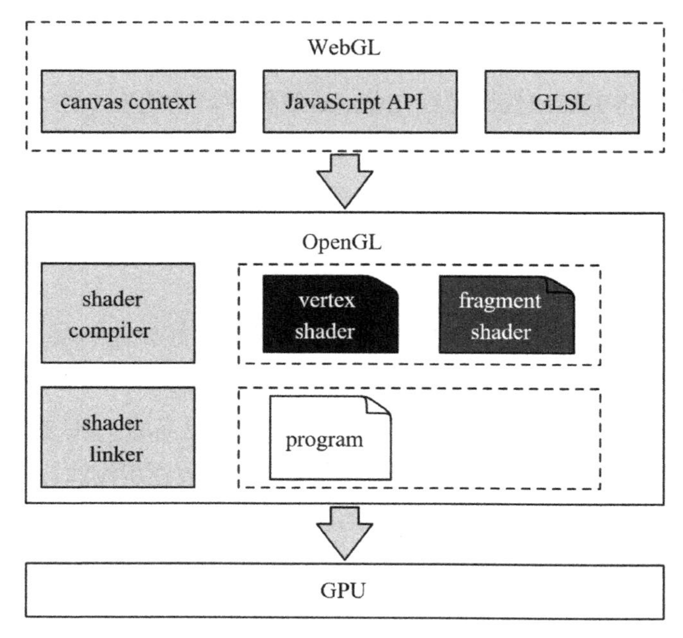


图6-21　WebGL与OpenGL

## 6.5　总结

在以用户为中心的互联网时代，优秀的用户体验是 Web 应用抢夺市场的重要武器，而性能则是决定用户体验的核心。加载速度快能够给用户以良好的第一印象，流畅的交互是支撑功能最具象也是最核心的要素。在加载性能上，网络架构层的优化宗旨是减少延迟以提高数据获取的速度；异步<script>能够减少 JavaScript 代码对渲染的阻塞从而令 HTML 文档尽快地被渲染。在应用执行期间，熟知浏览器 GC 策略有助于编写对内存友好的代码，可避免因内存泄漏造成应用程序交互卡顿甚至崩溃死机的现象。这些性能优化策略适用于所有前端项目，而对于数据量庞大、计算逻辑复杂的应用程序而言，在此优化方案之上还需充分利用现有的技术以达到浏览器运算能力的极限。

# 第 7 章
# 工程思维与服务支撑

*浪费程序员的时间而不是浪费机器的时间才是真正的无效率。*

*——摘自《黑客与画家》*

四大文明古国皆是农耕文明，充足的粮食是满足人口增长和保证社会稳定最基本的要素，即便在科学技术相对发达的近现代，实现人人温饱也不过几十年的时间。农业不是简单的播种和收获，而是一项非常复杂的科学技术。作为世界农学史上最早的专著之一，北魏年间著成的《齐民要术》系统地记载了我国古代先辈在农业生产上的经验和智慧，涉及土壤、选种、仓储以及饲养家畜等。在现代高等教育体系中，农学作为一级学科细分为土壤学、畜牧学、农田水利学、农业机械学等下属学科。从狭义上理解这些学科与农业的关系可总结为：提高作物产量、质量和生产效率。

以蒸汽机为代表的第一次工业革命用机械取代人力，以自动化的生产流水线取代作坊式的家庭手工业制。诚然，当时造成大批工人失业，但从推动社会和科技进步的角度上看其贡献是巨大的。随后，以电力为代表的第二次工业革命以及以信息技术为代表的第三次工业革命（也称为数字化革命和信息革命）无一不令生产更加智能、规范和高效。

这些历史看似与本章即将讨论的内容并无关联，但其本质的思想是相通的。软件工程，或者具体到前端工程化，其目的一言以蔽之：高效地开发高质量的产品。当然这句话背后的细节非常烦琐，实践模式也多种多样。本章的目标便是力求在多样化的工程实践中，提炼出一些通用的理论和原则。包括以下内容：

- 如何理解前端工程化以及将工程思维带入前端开发。
- 打造技术架构之外的服务支撑体系，包括研发、测试和部署。

## 7.1 工程思维

日本著名企业家稻盛和夫[1]在《活法》一书中写道：人生・工作的结果=思维方式×热情×能力。这个公式也可以引申到计算机编程领域。任何一位工程师的成长必然要经历从一无所知到初窥门径再到轻车熟路，从初级到中级到高级，能力和思维方式也不断增长和改变。企业在招聘员工时，对于不同层次的工程师通常会制定与其能力对应的考核方式。比如对初级工程师的考核，注重其知识储备是否满足岗位需求；考核中级工程师则看其应对某个复杂场景的综合问题解决能力；考核高级工程师在前两点之外还会评估其整体系统设计能力；而对于更资深的工程师而言，团队协作能力也是考核重点之一。这种考核方式和内容偏重跟现代社会中一个人从接受教育到参加工作的路线类似，小学、初中和高中属于知识积累阶段；大学则是将前十几年的知识储备应用于某个专业领域中；参加工作后面对的是复杂性远高于书本的现实问题，要求具备综合问题的解决能力以及团队协作能力。

能力是一个比较宽泛的概念，知识储备、思维方式、执行力均是决定一个人能力强弱的关键因素，也可以将这些因素统称为能力。我们不妨将稻盛和夫的公式做一些调整：

人生・工作的结果=思维方式×知识储备×执行力×热情

除了执行力和热情无法量化以外，知识储备是一切的基石，不论是初级工程师还是架

1 稻盛和夫，日本著名企业家，京瓷、第二电电创始人。《活法》一书出版于 2005 年。

构师，没有充足的知识储备均是空谈，这也是为何企业招聘时将基础知识作为重点考核内容的原因。但是知识是静态的，现实工作中的问题却是不断变化的，充足的知识储备并不能完全代表一个工程师的能力。经过解剖、分类、关联之后，将零散的知识聚合为完整的体系并能够综合运用它们解决复杂的现实问题，这才是一个工程师必备的能力，也就是编程能力。然后在此之上再演化出架构和工程以及各自对应的思维方式，进而形成一套如图 7-1 所示的工程师能力模型。

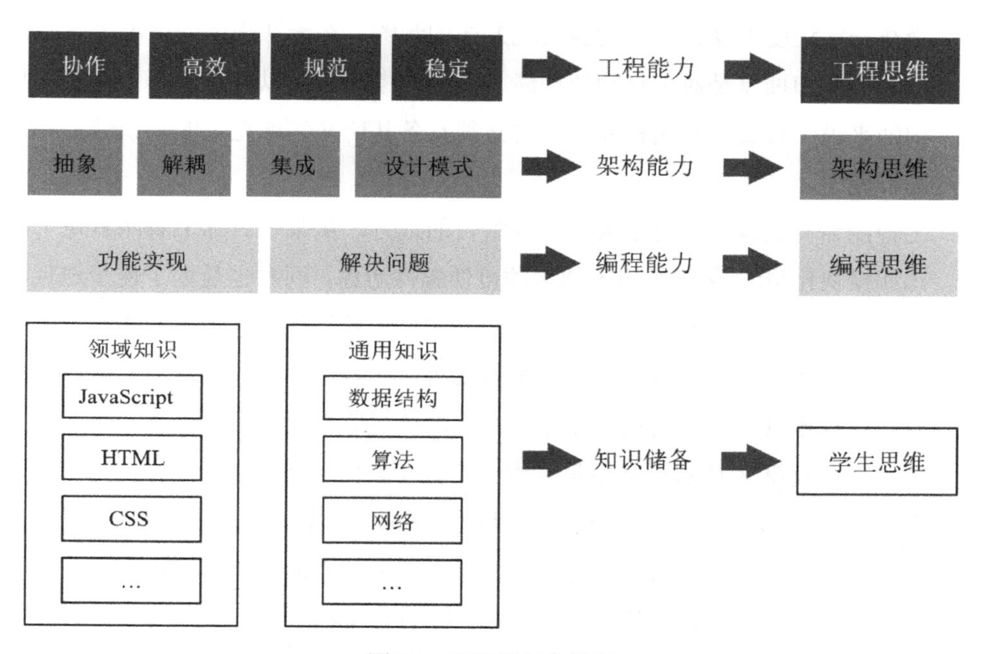


图7-1　工程师能力模型

- 知识可以分为两类，一类是通用知识，如数据结构、算法、操作系统、网络等。这些知识在不同的编程领域所占比例有差异，但基本上都会涉及；另一类是领域知识，具体到前端范畴，包括 JavaScript、HTML、CSS、浏览器原理、HTTP 等。知识储备是一个学习的过程，这期间的思维方式与在学校读书大致类似，是典型的学生思维。
- 编程能力的评估注重两点：快速实现业务功能的能力以及快速修复问题（bug）的能力，体现了开发者对已有知识储备的综合运用和发现问题、解决问题的能力。

具体又可细分为根据功能需求选择合适的技术栈[1]、数据结构和算法设计以及熟练运用调试工具快速查找问题症结等。

- 架构能力指的是对规模庞大、功能复杂系统的整体把控能力。可细分为模块/组件抽象、解耦、集成以及编程范式、设计模式、架构模型的实施等。架构是在业务功能基础上的上层抽象，它针对的是系统整体而非某个或多个具体的功能，其目标是保证系统的高可用、高性能、可扩展、可伸缩以及安全性。架构的设计必然会在一定程度上受到下层功能实现方式的制约，在无法规避的情况下做到最大程度的解耦和抽象是对工程师架构能力很大的考验。所以对于任何一位工程师或架构师来说，只要涉及架构设计，则必须具备其所在领域充足的知识储备和优秀的编程能力。
- 工程能力与架构能力有很大一部分重合的地方，从某些目标上看两者是一致的，比如模块化/组件化既是出于架构的可伸缩性考虑，同时也是为了便于迭代和多人协作。所以工程并不是独立于架构之外的，两者是超集与子集的关系，关于这一点本书第 1 章便已经提到过。在架构之外，工程的核心关注点只有两个：协作和效率。技术规范、自动化工作流以及生产环境监控统计等都是基于这两个出发点的。本章及第 8 章的内容便是聚焦于工程在架构之外的部分，称之为工程服务体系。图 7-2 展示的是一个完整的项目迭代周期[2]，以及将此流程带入传统Web项目之后的各环节细分和角色拆解。前端工程服务体系的作用和目标是在其服务支撑下令产品的迭代流程变得规范、有序、高效且可控。

1 此处的技术栈指的是底层技术栈，关于底层技术栈的定义请参阅 2.3 节。

2 与图 1-4 相比，图 7-2 中未标出工程研发人员不参与的需求收集和设计阶段。

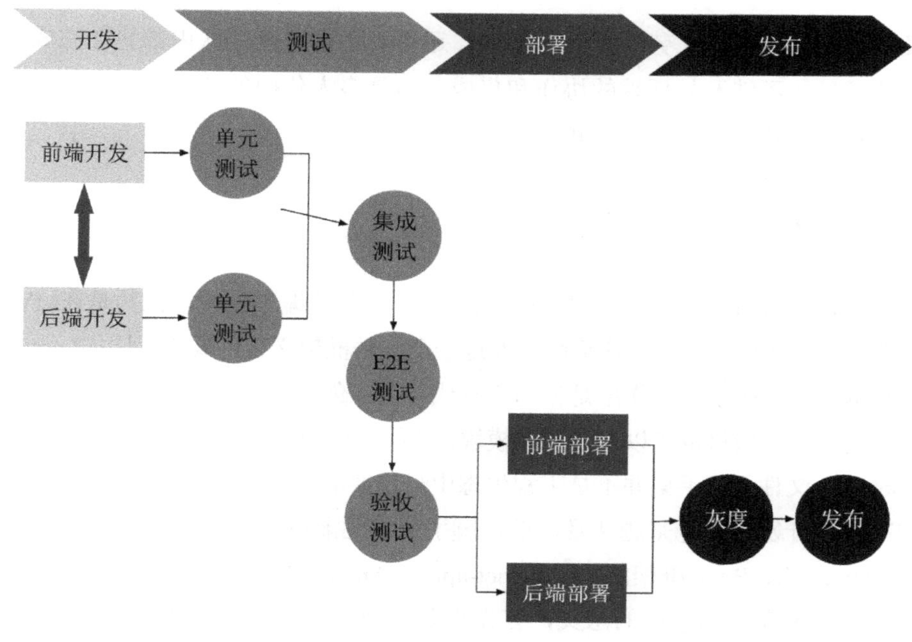


图7-2　Web项目迭代周期

# 7.2　开发支撑

开发是迭代周期的核心环节，其效率的提升是架构和工程的核心出发点之一。本书第 2 章至第 5 章所讨论的内容，不论是编程语言、技术规范，还是模块化/组件、前后端分离，以及本章即将讨论的脚手架和构建等内容，均是从架构或工程层面为提升开发效率做的一些优化措施。由 Web 项目本身特征制约前端开发效率的核心痛点可以概括为两个：一是前端本身的开发效率；二是前后端的协作效率。将两者进行拆分和细化之后可提炼出以下问题：

- 大量与业务功能无关的重复性劳动造成的人工和时间消耗。
- 前端编程语言的灵活性以及不规范性引起的维护困难。
- 前端逻辑依赖后端接口，串行开发造成的累积时间消耗。

以上三项均聚焦于开发的效率，解决方案概括来讲就是选择合理的技术栈、制定规范约束以及使用工具取代人工劳动。除此之外，还需要考虑前端团队内部协作完成大型项目的场景。此场景虽不涉及与后端的协作和集成，但是多人代码的合并集成也需要合理的源码管理规范和工具才能保障安全性和高效率。

### 7.2.1 脚手架

脚手架（scaffolding）并不是一个新鲜的词语，在其他编程领域，尤其是在MVC架构模式较普遍的服务端领域，脚手架几乎可以说是一个优秀框架必备的要素，比如Laravel、Ruby on Rails、Django等。脚手架的作用是使用工具代替人工创建初始文件和代码，根据颗粒度的不同可以创建完整的项目也可以创建一个模块，比如可以创建一个新的MVC项目，也可以创建一个Controller文件。脚手架并不是工程生态中最重要的一环，但却是不可或缺的。而随着工程思维在前端开发领域越来越普及，前端脚手架也逐渐成为前端工程体系的“标配”，比如Vue框架的vue-cli、React框架的create-react-app[1]、Angular的@angular/cli等。

要理解脚手架在工程层面的意义，首先需要对技术团队的成员进行定位划分。架构师或者技术领导者的角色是“规范的制定者”，负责架构设计和工程统筹；其他成员是业务开发者，其角色是“规范的使用者”，负责实现具体的功能需求。在此前提下将脚手架细化可分为两部分：

- 项目或模块的样板文件。
- 创建代码和文件的工具。

**样板文件**

项目的样板文件也可以称为项目模板（template），封装了基本的业务初始文件和代码，以及与之搭配的工程配置，比如构建、测试、部署等。从这个角度理解，脚手架可以被认为是工程体系的入口。开发者，尤其是一线的业务开发者，他们的大部分的工作是在既定的架构（包括技术栈和规范）和工程体系之下完成功能实现，驱动其工作成果的是图 7-1 所示的编程能力。换句话说，业务开发者并不需要对架构和工程有深度了解。那么项目模板的意义便在于将业务开发者从复杂的架构体系和烦琐的工程配置中抽离，使其聚焦于功

1 参见链接 79。

能实现。举一个具体的例子，Sails框架的Blueprint机制[1]背后的实现非常复杂，而使用者的工作是在这套机制下编写符合规范的代码而不需了解其背后的原理，所以Sails脚手架创建的Controller、Model等模块也只是遵循Blueprint规范的一些非常“简单”的代码。换个角度讲，这些代码如果脱离了Sails框架便无法运行。所以项目模板的具体形态必然是跟团队本身的架构和工程体系密切相关，并不具有普适性。但这并不意味着项目模板是一堆硬编码的“死”文件，现实工作中为了增强可配置性，往往将模板设计成有一定配置能力的动态代码。比如前端项目模板可以供开发者选择CSS预编译语言、HTML引擎类型、构建工具等。

**工具**

具体到脚手架的实现也可分为两部分：配置界面和文件创建。配置界面是提供给业务开发者选择和配置样板文件的入口，形式是可以通过命令行也可以使用 GUI 页面，选择哪种取决于技术团队工程服务体系的具体模式。命令行的优点是足够简单并且非常快，然而只能在开发者本机执行，所以如果技术团队不具备持续集成平台或者将脚手架排除在集成体系之外的话，则命令行是较优的选择。反之则需要在集成平台提供 GUI 配置界面，并且相比较工程体系的其他环节（如构建、测试等），脚手架的云平台集成非常困难和烦琐，如果设计不当或者过度设计甚至会降低迭代的效率和流畅性。此外，脚手架的使用场景通常是初创或新增模块，而在现实工作中，项目频繁的版本迭代更多的是对既有模块的增强或重构，使用脚手架的频率非常低。综合这些特征，大多数情况下用命令行的方式驱动脚手架是相对较优的一种选择。当然，将脚手架集成到云平台也有其独特的优势，比如更加规范、更易与其他模块集成等。

创建文件的工具选择更加宽泛，只要具备字符串处理和文件 IO 能力即可，比如前端开发者比较偏爱的 Node.js。之所以需要具备字符串处理能力是因为要将收集的配置选择转化为具体的代码，比较常用的做法是使用 HTML 模板引擎将可配置的选项设计为动态的数据，然后根据用户的选择分配对应的值。请看代码 7-1。

1　Sails 是一个 Node.js MVC 框架，Blueprint 是其亮点之一，开发者仅使用几行代码便可实现 RESTful 风格的 API，详见链接 80。

**代码 7-1**

```
// 引入style文件
import '@style/index.<%= styleSyntax%>';
```

styleSyntax 代表的是 style 文件的后缀名称，假设用户选择使用 SCSS 作为 CSS 的预编译语言，则 styleSyntax 的值为 scss。然后经过 HTML 模板引擎处理之后被转化为代码 7-2 所示的内容：

**代码 7-2**

```
// 引入style文件
import '@style/index.scss';
```

虽然脚手架的具体形态根据每个团队的架构和工程体系各有不同，不具备常规意义上的普适性，但仍然有一些设计原则可以通用：

- 从应用的角度要做到样板文件丰富的可配置性，但务必避免烦琐。
- 从功能的角度要做到与架构的融合以及与工程体系其他模块的联动和集成。
- 从架构的角度要具备高度的可扩展能力，支持二次开发。

此外，脚手架还需要具备一些领域专属的能力，比如前端脚手架需要支持包管理工具的选择（npm/yarn）、自动安装依赖等功能。

## 7.2.2 构建

前端开发相对于其他编程领域最大的优势之一是其便捷性，JavaScript/HTML/CSS 均不需编译便可直接在浏览器中看到效果，而不必像编译型语言那样需要经过一系列冗长的处理才可以运行，比如 C++源码需要依次经过预处理（Preprocessing）、编译（Compilation）、链接（Linking）之后才能被转化为可执行文件。所以虽然构建（Build）现在已经成为前端开发过程中不可或缺的一环，但其实它仍然是一个比较新的词汇。而构建之所以能够在短短几年内在前端领域内迅速普及，JavaScript 语言的演进是主要原因。5 年前，jQuery 统治前端开发领域时，前端没有构建，以现在的眼光看 jQuery 其实相当于一个强大的 polyfill，

JavaScript 的编码方式则是面向这个 polyfill 的，必然受制于其版本的更迭。现代前端的开发模式则与之相反，JavaScript 面向语言标准编码，浏览器暂未实现的规范要么经过编译降级，要么引入对应的 polyfill。这种模式的优点是，源码是面向未来的，开发者需要做的是跟随浏览器对语言标准的实现程度不断地迭代构建功能。这是一项成本很低的工作，因为不涉及源码重构，便不存在重构可能引发的隐患，因而便不需要其他职能团队（如测试和后端）介入，这是构建之于前端最大的意义。

在讲解前端构建需要具备哪些功能之前需要先给它一个明确的定义。很多从业者时常会混淆构建和编译这两个词，为便于区分可以借助 Java 语言对两者的定义：

- 编译是将源代码转化为机器指令（汇编），Java 的编译是将源码转化为 JVM 指令。此阶段的代码可以在开发环境中运行，但是还需经过链接过程交付到生产环境，其作用是将源码引用的库文件聚合。
- 构建是一个操作集，包含编译、链接等一系列操作。源码经过编译之后成为可交付的文件。

以上内容可以总结为一句话：编译是构建的子集。编译的作用是将源码转化为运行环境可理解、可运行的代码，其功能的核心在于代码格式的“翻译”。Java 的链接可以简单理解为“打包”，这是一项与语言本身无关的工作。所以，按照语言的相关性可以将构建分为两类：面向编程语言的以及语言之外的工作。其中面向语言的工作目标聚焦于代码的可执行；语言之外的工作目标聚焦于项目整体的可交付和可维护。根据前端项目的特性，可交付的衡量标准需兼顾功能和性能，可维护又可细分为代码规范约束、文档化等。两者并非是完全独立的，个别工作需要两者配合共同完成，比如模块化既需要编译层面对语言模块规范的支撑，同时又需要语言之外针对异步模块的按需加载机制。综合以上所述可以将前端的构建功能概括为图 7-3 所示的模型。

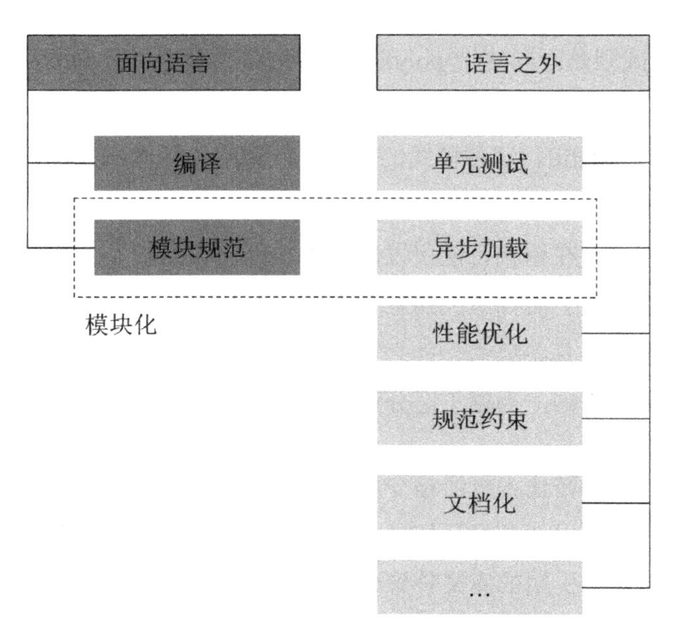


图7-3 前端构建功能模型

按需加载是一种针对特定运行环境（浏览器）的性能优化策略，前端领域的按需加载向来是借助应用层的工具或框架实现（比如requireJS）的，与JavaScript语言本身并无关联。制定ECMAScript规范的工作组似乎一直处在一种比较矛盾的思维当中，虽然JavaScript被创立的初衷是面向浏览器，但工作组的一部分成员认为ECMAScript规范本身不应该局限于浏览器。所以针对浏览器环境的import()函数，一度被认为应该属于浏览器API的一部分而不是ECMAScript规范，况且同样适用JavaScript语言的Node.js并无按需加载的需求。不过幸运的是，目前import()函数已经进入stage4 阶段 [1]，有望在ECMAScript 2020 中被正式加入规范，但是在浏览器未对其提供支持之前仍然需要经过构建之后才能运行，所以本书将此功能归属于构建在语言之外的工作。关于ECMAScript规范各阶段的说明可参考这个网址。[2]

1 参见链接 81。
2 参见链接 82。

### 编译

作为前端构建工具早期的两大核心功能之一（另一个功能是混淆压缩），最初的前端编译针对的是 CSS 预编译语言。编译功能在现代前端工程体系中之所以不可或缺，是因为在其支撑下开发者可以选择开发和维护效率更高的技术栈，比如 ES6、LESS/SCSS 以及 HTML 模板引擎（如 EJS、Pug）等。

从编译的角度看，当初CSS的开发理念和模式远领先于JavaScript。随后，Babel的流行和普及是推动JavaScript编译的最大助力，截至目前，Babel已经成为前端开发的必备功能之一。Babel的功能是将ES6 甚至更高版本规范的源代码转译为ES5 甚至更低版本的规范语法，它的输入和输出均是JavaScript代码，区别仅在于语法的规范版本不同。严格意义上的编译是将源代码转化为机器指令，但Babel的作用仅是将源代码的语法进行转换。从这个角度理解，Babel其实是一种source-to-source compiler，或者叫作transpiler（转译器）。转译器并不是JavaScript开发领域独有的，比如可将Java转译为JavaScript的GWT[1]、将Objective-C转译为Swift的Swiftify[2]以及将C++转译为C的Cfront，甚至目前流行的React-Native和微信小程序的编译器从某种角度上来说也属于转译器的一种。Babel紧跟ECMAScript标准规范的演进同步更新，在JavaScript语言层面没有任何扩展，这是Babel与TypeScript最大的不同。之所以称TypeScript是JavaScript语言的超集而不是转译器，是因为它在语言层面扩展出JavaScript本身不具备的很多特性。当然，TypeScript的编译器也归属于转译器行列。前端编译功能如图 7-4 所示。

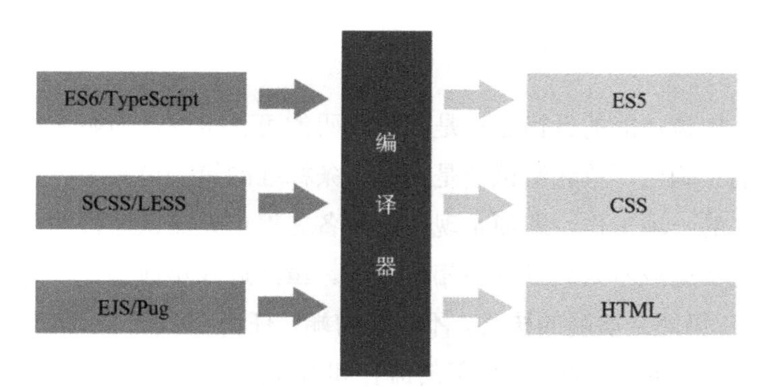


图7-4　前端编译功能

1　GWT 是 Google 开发的一个可以使用 Java 开发 Web 应用的开源框架，参见链接 83。

2　参见链接 84。

### 模块化

ES6 之前的 JavaScript 在语言层面没有模块化的概念，模块的封装和运行依赖应用层框架的实现，没有统一的规范，比如 requireJS 的 AMD、Node.js 的 CommonJS 等。由于 Web 网站的资源均是从远端服务器获取的，所以浏览器环境下某些模块的按需加载便成为“刚需”。事实上，除了支撑首屏功能的模块外，其他模块均可按需加载，触发条件可以是用户的状态、操作以及前端路由等。前端构建在针对模块化需求上，一方面需要将各个零散的同步模块进行合并；另一方面需要提供浏览器环境下实施异步加载的功能函数，如图 7-5 所示。

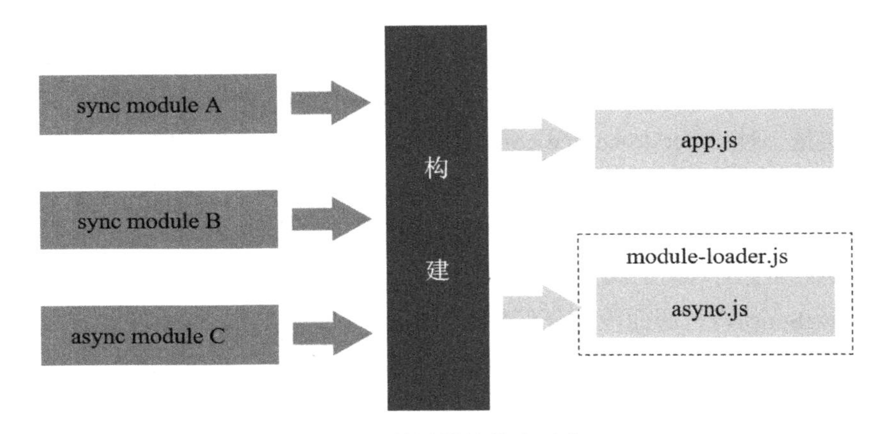


图7-5　前端模块构建需求

### 单元测试

依前文所述，构建功能的目标之一是保障代码的可交付性，而衡量可交付性最基本的标准是代码功能的正确性，单元测试便是检验这条标准的第一道关卡。单元测试在前端开发领域是相对陌生的一项工作，即便是现在，具备完善单元测试流程的前端团队也并不占多数，究其根本是实施成本太高且收益相对偏低。虽然近几年前端开发开始偏重逻辑弱化 UI，但必须承认 UI 仍然是前端的核心。不仅是前端，任何 GUI 开发领域内 UI 的测试都是一件困难的事情。随着 React/Vue 等框架的流行和普及，数据驱动 UI 的开发模式逐渐成为主流，数据的正确与否直接决定 UI 的形态，从而针对 UI 的测试在一定程度上可以转化为数据测试，进而可以将前端的单元测试等同于其他开发领域，即针对 JavaScript 的逻辑测试。但是 CSS 怎么办？目前的最优解可能就是 CSS-in-JS，这便涉及架构层面的技术选型，进而又一次论证了“工程无法脱离架构”这条贯彻全书的准则。

**性能优化**

混淆压缩是早期前端构建工具除了编译以外的另一项核心功能，比较有代表性的工具是雅虎出品的YUI Compressor[1]。压缩的实现方式是去除代码中与逻辑功能无关的内容，比如空格、换行、注释等。混淆则是将JavaScript代码中的变量、函数的名称修改为无语义的单词（通常是单字母）以及重写部分逻辑，其目的是降低代码的可读性以增加破解难度，本质上是一种加密手段。但是从加密的效果上看，混淆之后的代码非常容易被反混淆手段还原，是一种低效的途径，所以目前它更大的意义体现在压缩代码体积上。当然也存在一些比较极端的混淆方式，比如将JavaScript代码中的英文字母尽可能地使用符号代替，这种混淆后的代码被称为Non-alphanumeric JavaScript，即无字母的JavaScript，其中比较“知名”的案例是JSFuck[2]。但是经过这种混淆处理之后的代码相对于源码通常会有几倍的体积增长，所以在现实中极少看到实际的应用案例，更多的是JavaScript开发者茶余饭后的一种戏谑行为。

跟早期只具备混淆压缩功能的构建工具相比，现在的构建工具在性能优化方面的功能已经强大太多了。除了创建CSS Sprites这种极度消耗人力的工作实现了自动化以外，最具代表性的是Tree Shaking[3]，其作用是消除冗余无用的死代码（Dead Code）。Dead Code的定义与JavaScript垃圾回收机制中可被回收的内存对象类似，简单讲就是没有被引用的代码片段，可以是一个模块，也可以是一个函数，甚至是一个变量。Tree Shaking的名称非常形象，如果将所有的代码比喻为一棵大树上的树叶，那么Tree Shaking就是晃动大树将脱离树枝的枯萎叶子全部抖掉。

Tree Shaking 对于前端性能的提升不仅限于剔除死代码减小交付文件的体积，更普遍地被用于多环境版本的区分，比如 A/B test、开发调试等。前端开发者在现实工作中或多或少地遇到过这种场景：某些逻辑只在特定的环境中执行。比如一个地图引擎 SDK 存在两个版本，一个对外，一个对内，两个版本提供的功能有所差异。对外版本用于开发应用层软件，

1　YUI Compressor 的早期版本由 Java 驱动，目前已经推出 Node.js 版本，详见链接 85。

2　参见链接 86。

3　早在 20 世纪 90 年代，Lisp 语言就提出了 treeshaker 的概念，2012 年，Google 出品的 dart2js（用于将 Dart 语言转化为 JavaScript 的转译器）便率先实现了 Tree Shaking。目前 Webpack 和 rollup 都已具备此功能。

提供操作地图的所有基础功能；对内版本在基础功能之外，还提供一些调试功能，比如瓦片边界显示、样式动态调整等。在构建流程中通过指定不同的环境变量产生对应的 SDK 文件，并且与当前环境无关的代码需要在构建中剔除，这便是 Tree Shaking 最典型的应用场景。下面通过一个简单的例子展示如何用 Webpack 实施此类需求。

假设当前有两种环境：开发环境和生产环境。两种环境使用一个 boolean 变量 DEBUG 区分，即 DEBUG 为 true 时代表开发环境，反之则代表生产环境。JavaScript 代码存在两个模块：主模块 index 和工具模块 util，见代码 7-3。

**代码 7-3**

```
// util.js
export function add(a,b){
  return a+b;
}
export function minus(a,b){
  return a-b;
}

// index.js
import {add,minus} from './util';

if(DEBUG){
  console.log(add(1,2));
}else{
  console.log(minus(2,1))
}
```

上述代码的意图非常明显，即在开发环境下执行函数 add()，在生产环境下执行函数 minus()。变量 DEBUG 的值并不是 JavaScript 逻辑的一部分，而是由构建工具 Webpack 在执行构建时从外部定义的。此时需要用到 Webpack 的 DefinePlugin 插件，同时配合 process.env.NODE_ ENV 完成环境变量赋值，请看代码 7-4。

**代码 7-4**

```
// Webpack.config.js
module.exports = {
```

```
// 其他配置
  plugins: [
  new Webpack.DefinePlugin({
      DEBUG: process.env.NODE_ENV==='debug'
  })
 ]
};

// package.json
{
"scripts": {
   "build:debug": "NODE_ENV='debug' Webpack --config ./Webpack.config.js",
   "build:prod": "NODE_ENV='production' Webpack
--config ./Webpack.config.js"
  }
}
```

完成以上配置后执行npm run build:debug和npm run build:prod将会产出两个逻辑不同的文件。在开发环境下，函数minus()被Tree Shaking机制剔除，反之在生产环境下，add()函数被剔除。[1]

完成上述 4 项需求之后，构建产出的代码不论是功能还是质量均已达到可交付的标准，构建功能最核心的需求至此便已完成。在其支撑下，开发效率得到提升，人力和时间成本得以降低。但是项目开发不是一锤子买卖，此时也并不是构建功能的终点，项目后续的维护以及迭代效率也是工程体系的关注重心。维护和迭代效率的提升虽然跟代码的逻辑和功能并无关联，但能够直接影响项目的交付速度，间接提升产品的市场竞争力。本书第 3 章讲述了技术规范在工程角度的意义以及需要包含的细分环节，对构建功能的另一类需求便是支撑和保障规范的顺利实施，比如使用 ESLint 约束编码规范、使用 JSDoc 创建注释文档等均属此列。

1　示例源码可参见链接 87。

### 7.2.3 dev server

构建系统的功能是将逻辑完整的源码转化为可交付的文件，承载从开发环境向测试/生产环境的过渡连接。在源码的逻辑完成之前，也就是开发编码阶段本身存在的一些影响工作效率的痛点问题并不是构建系统的针对点。前端开发阶段处于一个与其他职能团队无关的相对独立和封闭的环境，不涉及集成与交付，影响效率的症结也大多与前端本身的特征相关，开发阶段的效率是催生 dev server 的主要原因。顾名思义，dev server 是针对前端开发阶段的临时服务器，通常搭建在开发者的本机环境中。dev server 并非工程体系中的一个独立模块，其所包含的主要功能可以归纳为两类：

- 一类针对现代前端开发的特征（引入编译型语言），提供动态编译功能以削减编译对开发效率的负面影响，引入编译完成这项功能需要结合构建系统。
- 一类针对前后端开发的解耦，搭建 Mock 服务为前端开发者提供一个仿真模拟环境以实现前后端并行，这项功能本质上是一个 HTTP 服务器。

**动态编译**

相对其他技术领域，源码需要经过耗时的编译过程才可运行，无编译是体现前端开发高效率的主要特征，然而现代前端引入各种预编译语言和框架之后，这种优势已经不再明显，动态编译的作用便是尽可能地保留此优势。动态编译分为两部分：监听和构建。两者的协作流程对于前端开发者来说并不陌生，其模式类似于 Web 网站响应用户操作（比如鼠标）：捕捉事件→触发回调。带入动态编译中，所谓的事件便是源码文本被修改，进而触发的回调即调用构建功能。与上一节中的构建产出不同的是，动态编译通常仅需要构建系统针对可执行和可交付的部分，单元测试、性能优化以及针对可维护的规范约束等功能通常并不需要。此外，动态编译产出的数据通常储存在内存中，这样做的优势主要有两点：第一，因为动态编译的产出只为开发使用，不需交付，所以开发完成之后便再无用处，储存在内存中可以更方便地进行回收；第二，动态编译的主要特征是操作频繁，对读写速度有较高的要求，硬盘相对于内存的读写速度非常慢。

Mock

在现实工作中，绝大多数产品的版本迭代对前后端均有涉及，在前后端分离的架构中，数据接口是两者之间唯一的关联，也是实现前后端并行开发的切入点。Mock 是面向对象程序设计中的一个术语，Mock 对象的作用是模拟某个真实对象的行为，通常被应用于单元测试。在 dev server 中引入 Mock 服务的目的是遵循既定的接口规范模拟后端的数据接口，从而令前端开发者不必等待后端接口完成再进入开发。两者并行开发完成之后再将接口地址指向真实接口，这个过程通常被称为联调。除此以外，在个别特殊的业务场景下，Mock 服务还有可能扮演接口代理的角色，比如某个接口对跨域有严格的白名单而开发者本机不在白名单之列，Mock 服务通过代理此接口可处理跨域问题。

综上，dev server 的功能模型可归纳为图 7-6 所示。此模型只列出了 dev server 最基础的功能，实际工作对 dev server 的功能需求还有很多，比如 liveload、HMR 等。

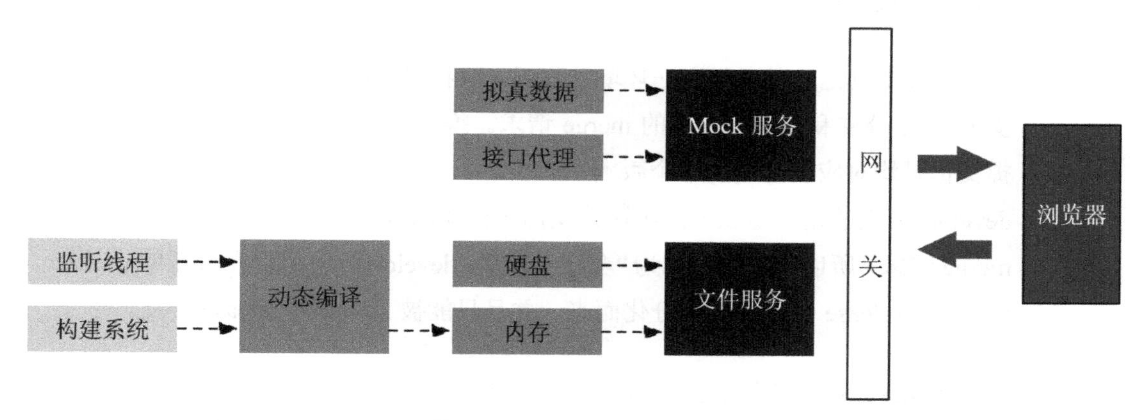


图7-6　dev server的功能模型

## 7.2.4　源码管理

SVN时代[1]的所谓源码管理不过是将源码文件存放在特定的服务器上，并且记录每一次的修改，同时配合工具可以在历史版本之间切换。现代软件工程对于源码管理的定位不仅仅是对历史的跟踪，而是将其融入工程体系中作为完整工作流的一部分。基于Git的源码管理规范具象表现为分支的管理，它已经超越了“储存历史版本”这一狭义范畴，融合了协

1　泛指 Git 未普及的时代。

作、集成、部署和交付，在持续集成和持续交付体系中甚至可以说源码管理规范是所有流程得以实施的基石。

分支策略并不是硬性的、一成不变的，团队的规模、组织结构等因素都可能影响具体细则。目前主流的三种分支策略分别为GitHub Flow、Gitlab Flow和Git Flow，每种策略都有其适用的场景，没有绝对的优劣之分。下面将简单描述三种策略模型以及各自的优缺点，本书并不会推荐某一种具体的策略，希望读者根据三者的特色结合自身团队的实际情况做出权衡。

### Git Flow

Git Flow被普遍认为是由Vincent Driessen在2010年提出[1]的一种分支管理策略，其流程围绕两个平行分支进行：

- master分支只记录已交付生产环境的代码，只接受merge不接受push，而且只接受release分支和hotfix分支的merge请求。换句话说，master分支的每条merge提交记录均对应已上线的某个版本。
- develop分支的定位是在开发阶段接受由不同团队成员负责的所有feature分支的merge请求，所以有人将其称为"集成分支"。develop分支可以在最新的master、hotfix或release分支基础上分化而来，并且只能被merge到release分支。

在master和develop两个核心分支基础上，Git Flow进一步演化出以下角色分支：

- feature分支是针对单个业务功能的分支，从develop分支基础上分化而来并且只能被merge到develop分支。feature分支是开发者编码的主战场。另外，feature分支通常只存在于其对应负责人的本机环境，开发完成后由负责人merge到develop分支，然后将develop分支推送至远程服务器。
- release分支有些难理解，稍有不慎会将其与develop分支的定位混淆。用通俗的话讲，develop分支始终是"面向未来的"，而release分支是"面向最近一次交付的"。比如，master分支的最新记录对应线上产品的1.0版本，现在有一批需

1 参见链接88。

求预期在两个月后的 1.1 版本中开放。开发者从 master 分支基础上分化出 develop 分支，进而细分出多个 feature 分支进行开发。但是在开发进行到 1 个月的时候，领导层决定对产品的发布策略进行调整，将目前已完成的部分功能集成为一个小版本 1.0.1。这种情况下的解决方案是将这些功能对应的 feature 分支全部 merge 到 develop 分支，然后在 develop 分支的基础上分化出 release-1.0.1 版本，最后交付上线后将 release-1.0.1 分支 merge 到 master 分支。如果 release-1.0.1 分支包含了现阶段所有的 feature 分支，即与 develop 分支完全同步，也可以将其 merge 到 develop 分支，这是一种相对少见的极端情况。

- hotfix 分支用来应对突发的情况，典型的场景是修复线上的紧急 bug。hotfix 分支由最新的 master 分支分化而来，只能被 merge 到 master 或 develop 分支。

综合以上描述，Git Flow 可以概括为图 7-7 所示的流程模型，其中 master、develop 和 feature 是 Git Flow 的常驻分支，release 和 hotfix 用于应对一些计划之外的状况。

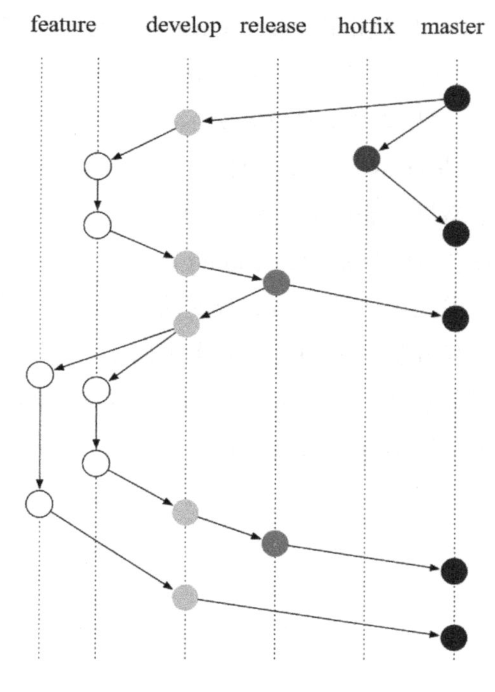


图7-7　Git Flow

Git Flow的优点是，各分支角色的定位非常精细和明确，集合命名规范约束可以令源码的分支结构一目了然。并且Git Flow是历史相对较悠久（GitHub Flow于 2011 年[1]被提出，Gitlab Flow于 2014 年[2]被提出）的一种分支策略，其工具生态相对完善[3]。但从Git Flow的流程模型中可以看出，它针对的仍然是比较传统的项目迭代模式，即比较注重版本的界限。将其应用到意在弱化甚至消除版本概念的敏捷开发和持续交付模式中则显得异常烦琐。Git Flow较适合于体量大、更新频率低、品控苛刻的ToB类产品。

### GitHub Flow

与Git Flow的烦琐相比，Scott Chacon[4]提出的GitHub Flow是另一种极端，形式上非常简单，但是在某些环节强依赖人工介入。GitHub Flow只有两种分支：master分支和feature分支，开发者从master分支基础上直接分化出一个或多个feature分支。与Git Flow不同的是，GitHub Flow的feature分支不允许由此分支开发者本人merge到master分支，而是需要推送至远程服务器后发起Pull Request，然后由专门负责代码审查（review）的人在确定代码的正确性之后再合并到master分支。也就是说，除了Git本身的分支规范以外，GitHub Flow还需要额外人工介入的中间流程，其参与者分为两种角色：feature分支的开发者和负责review和merge的审查员，缺一不可，流程模型如图 7-8 所示。

GitHub Flow 的核心理念是，master 分支的任何一次 merge 行为后的代码都是可交付的，弱化了版本的概念。这种策略最大的优势是利于持续集成，监听服务只需订阅 master 分支的 merge 行为即可。但是缺陷同样明显，GitHub Flow 其实是一种偏理想化的策略，但实际工作中强制依赖人工审查的模式会造成 master 分支的安全性与审查员的个人水平直接挂钩，能够把好这一关并不是一件很容易的事。并且，如果脱离了持续集成单纯评估 GitHub Flow，其相对于 Git Flow 的优势则仅剩“简单”这一条。所以，GitHub Flow 最典型甚至可以说唯一的适用场景是针对有完善持续集成体系的团队。

1 参见链接 89。

2 参见链接 90。

3 参见链接 91。

4 GitHub CIO（首席信息官）。

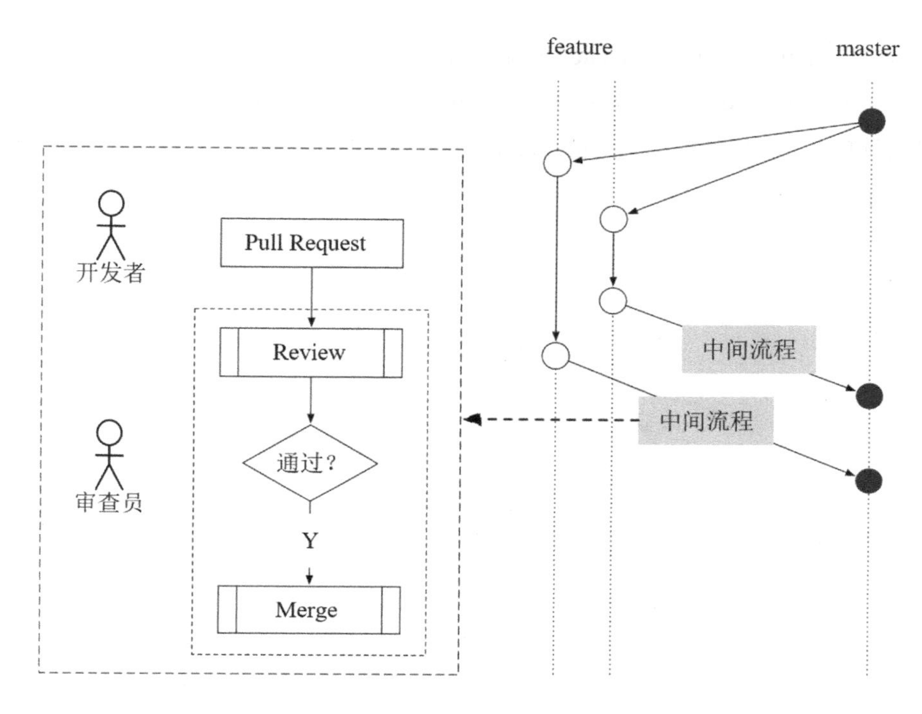


图7-8　GitHub Flow的流程模型

### Gitlab Flow

假设产品团队具备完善的持续集成和持续交付体系（事实上这也是现阶段工程化的最终形态），GitHub Flow 是比 Git Flow 更好的选择，但是安全问题仍然是一块难以绕开的绊脚石。GitHub Flow 的症结一方面是无法保证合并到 master 分支的代码绝对安全；另一方面是 master 分支一旦有 merge 行为便会触发集成和交付直接被同步到生产环境（production，后文简称为 prod），换句话说，master 分支与生产环境之间没有任何过渡。第一个问题除了尽可能选择高水平的审查员以外，目前并没有很好的解决方案，所以第二个问题便成为优化的主攻点。针对这一点，Gitlab Flow 的优化方案是在 master 分支与生产环境之间设立一道屏障：预生产环境（pre-production，后文简称为 pre-prod），请看图 7-9 所示的抽象模型。

从与生产环境的对应角度上，master 分支在 Git Flow 和 Github Flow 中的定位是一致的。而在 Gitlab FLow 中，master 分支不再对应生产环境，而是对应测试环境，但是其角色不同于 Git Flow 中的 develop 分支。master 分支可以负责集成多个 feature 分支，但与 Git Flow 不同的是，Gitlab Flow 秉承持续集成理念，不论是单个还是多个 feature 分支的 merge 行为均会触发后续的集成和交付。而与 Github Flow 的差异便体现在其交付的目标是预生产环境而非生产环境。

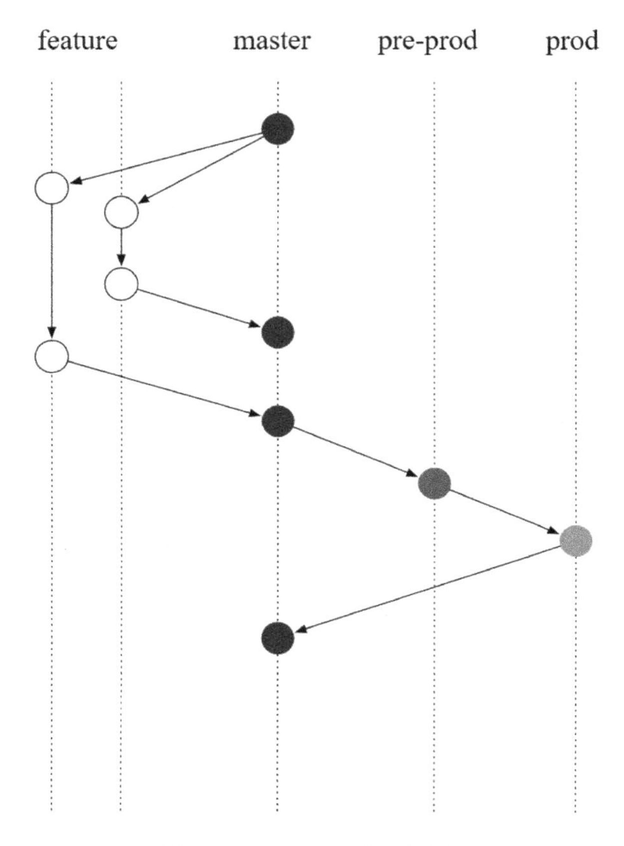


图7-9　Gitlab Flow的抽象模型

由 tag 触发持续集成和交付行为是 Gitlab Flow 相对于 GitHub Flow 和 Git Flow 的另一个不同点，后两者均是由 master 分支的 merge 行为触发的，而 Gitlab Flow 的 pre-prod 分支代码经过一系列严格的测试确定无误后被 merge 到 prod 分支，同时添加触发交付的 tag，随后持续集成系统根据此 tag 进行后续的交付流程。

上述三种分支管理策略只是提供了一种思维轮廓，具体到实际工作中还需根据自身业务和团队的现实情况在细节上做出调整。比如业内对于由tag触发持续集成的模式存在一定争议[1]，如果顾虑安全性的话，可以在Gitlab Flow的基础上，将监听tag修改为类似Git Flow的监听prod分支的merge行为；再比如在Git Flow基础上衍生出的One Flow[2]等。

## 7.3　测试支撑

自动化测试在软件工程中并不算一种新鲜的模式，在服务端开发领域，单元测试几乎已经成为标配，但是在前端，测试体系的完善和普及仍然任重道远。即使在今天，绝大多数前端项目的测试仍然依赖最原始的人工验证，只有极少数开发者编写单元测试，而更高层次的端到端测试和集成测试在前端的普及率十分低。起步晚、发展快固然是阻碍自动化测试在前端领域普及的一个客观原因，但更主要是因为前端，或者说泛GUI项目的自动化测试不仅实施难度大，而且收益并不显著，极易陷入图 7-10 所示的ice-cream cone反模式[3]：

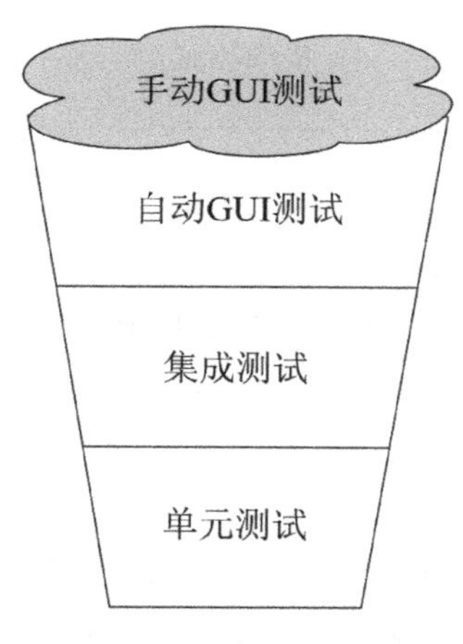


图7-10　GUI测试反模式

越靠近用户的代码越难测试，作为直接与用户交互的 UI 层测试之所以难以实施是因为跟底层（服务端）相比，UI 的变化非常频繁且极不稳定。尤其是在早期的静态网站时代，

1　Git 针对 tag 的相关操作很难控制，远不如分支操作安全。

2　参见链接 92。

3　参见链接 93。

前端主要体现在 CSS 和 HTML 配合的视觉反馈，没有很复杂的逻辑，几乎没有进行单元测试的必要性。所以对 UI 的验证测试通常由人工进行，这种模式一直沿用到今天并且仍然占据主流。与构建、dev server 和源码管理方案不同的是，测试与编码的关联非常紧密，功能实现方案、技术栈、架构的组件和模块体系等细节均有可能对测试的具体形态产生决定性的影响。所以测试模式的变化紧跟前端技术的演进。虽然目前还远未成为标准，但以现今的前端分工和技术背景为前提，业内已经趋向于建立图 7-11 所示的前端测试体系。

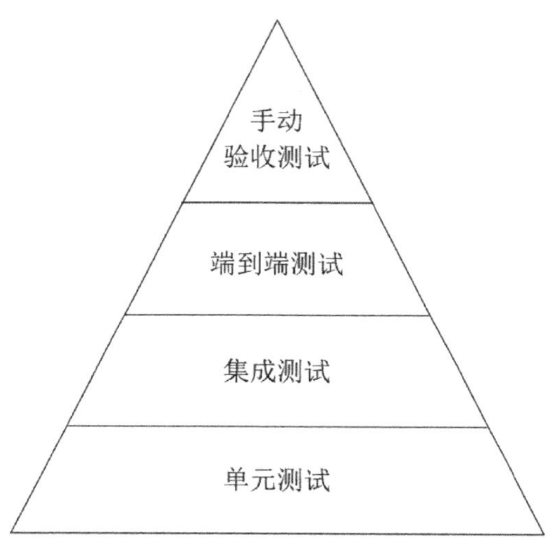


图7-11　前端测试体系

## 7.3.1　测试模型

图 7-11 所示的测试体系在不同颗粒度语境下有不同的含义。图 7-2 中列出的集成测试和端到端测试是在前后端各自单元测试之后进行的，其对应的语境是 Web 项目整体。在此语境下，图 7-11 所示的金字塔模型中的单元测试包含前后端各自的单元测试；集成测试对应前后端集成场景；端到端测试对应项目的完整功能测试。而如果进一步细化，将 Web 项目的前端“模块”视为一个独立的、与外界隔离的黑盒，那么前端的单元测试便可引申出更宽泛的含义，视其为狭义的前端单元测试、前端模块集成测试以及与后端隔离的端到端测试的集合。也就是说，图 7-11 所示的金字塔模型中除了手动验收测试以外，其他三项自动化测试均可以带入前端领域并在无后端配合的情况下使用 Mock 进行，而图 7-2 描述的

则是 Web 项目整体的测试体系。两者对应不同的颗粒度语境，可以理解为子集与超集的关系。本章接下来的描述是针对前端范畴而非 Web 项目整体的，务必谨记。

**单元测试**

单元测试（Unit Testing）处于金字塔模型的底层，是相对易实施并且 Test Case（测试案例）最多的一个环节。顾名思义，单元测试的对象是一个个逻辑单元（unit），而对于划分单元的颗粒度在业界并没有绝对统一的标准。尤其是在面向对象编程领域，你可以认为一个模块是一个单元，也可以将一个类甚至一个方法视为一个单元。在纯粹者眼里，单元应该对应无法再进行细分的最小单元，所以一个函数可以视为单元，但是一个包含多个方法的类不能称为单元。这是一种比较极端的观念，技术和知识是不断进步的，即使在现在的时间节点，所谓的最小单元是函数，也难以断定在未来的某一时刻计算机编程理论或方法论是否会完全否定这项原则。就像物理学界的基本粒子，原本人们以为原子核和电子是最小的粒子，但是 20 世纪 30 年代在原子核中发现了质子和中子，随后 20 世纪 60 年代又理论推导出了比质子更小的夸克。虽然目前暂未进一步突破，但未来如何难以预估。所以对于单元测试而言，大可不必纠结于单元的颗粒度，最佳的答案是：具体情况具体分析。比如函数式编程理论中的纯函数是最符合纯粹理论的单元；而在面向对象编程中，类由于各个方法之间可能存在共享状态难以解耦，也不妨将其视为一个单元。

不论一个单元对应一个函数、类还是模块，单元测试必须遵循的一项原则是：单元是与业务功能无关的。通常来讲，一个业务功能对应一个模块，这个模块可能包含多个子模块或组件，而每个子模块或组件又可以继续细分直到无法进一步解耦，而单元便对应细分的最底层。单元不一定是一个函数，但它的功能应该是类似纯函数的，即输出只与输入有关，无任何副作用。单元颗粒度的划分虽不必拘泥于形式，但这条准则必须遵循。

具体到前端，并非所有的 JavaScript 代码都可以进行单元测试，判定是否可测的界限是：这段代码逻辑是否涉及 IO 操作。这里的 IO 操作指的是 JavaScript 语言以外的操作，比如在浏览器环境下调用了 localStorage、AJAX、cookie 等行为。简单来说就是 JavaScript 调用了宿主提供的 API。这类逻辑之所以不能进行单元测试的原因是，JavaScript 代码的逻辑并非是决定其行为有效性的唯一因素。请看代码 7-5 所示的函数。

**代码 7-5**

```
function setStorage(key, value){
  localStorage.setItem(key, value);
}
```

这是一个封装 localStorage 储存行为的函数，功能非常单一，但是这个函数并不能进行单元测试，更准确地说，应该是对此函数进行单元测试没有任何意义。因为即便进行单元测试，针对函数 setStorage 的案例只有一个，即验证其是否调用了 localStorage.setItem()。但是能否达到预期的功能主要取决于与 JavaScript 语言无关的因素，如浏览器是否支持 localStorage、是否开启了相关权限以及是否超出了容量限制等。诸如此类的 JavaScript 代码已经脱离了单元测试的验证范畴，应归属于集成测试领域。

**集成测试**

在具体讲解集成测试之前，首先需要针对上例做一些补充以免思维进入误区。setStorage()函数没有单元测试的价值并不是说在集成测试阶段需要这个函数本身做验证测试，而是验证其是否被引用它的模块正确调用。事实上，这类封装单一 IO 操作的工具函数本身没有任何测试价值。

> **封装单一 IO 操作的意义**
>
> 虽然封装单一 IO 操作的工具函数没有测试的价值，但并不意味着封装没有价值。恰恰相反，从测试的角度来看此类封装的意义重大。在前端狭义范畴的集成测试环节，其实施方案跟单元测试类似，都是通过注入依赖（Mock、Spy、Stub 等）的方式验证其逻辑流程。如果没有封装单一 IO 操作的工具函数，则需要 Mock 全局的宿主 API，反之只需要 Mock 封装后的函数即可。虽然两种都可行，但是 Mock 全局 API 的隐患是可能造成状态和数据缓存，如处理不慎可能会影响后续的测试案例。另外，将 IO 操作从逻辑中抽离出来也能够在一定程度上提升代码的可移植性。所以，使用工具函数封装单一 IO 操作是一种较受推崇的编码风格，值得借鉴。

回到集成测试的话题，其实上一段话已经从侧面引出了什么是集成测试，即针对由多个单元组成的某个“集合”的测试。在大多数情况下，集成测试的最小单元是一个模块，往往对应某个具体的业务功能，最起码是子功能。比如表单提交登录信息是一个功能，它的子功能可以分拆为用户名格式验证、防 XSS 攻击非法内容过滤、验证码管理等，每个子功能对应的模块均是集成测试的目标。

集成测试的最小单元的界限其实比较模糊，前文我们强调不必太过纠结单元测试的颗粒度划分，所以从某种角度上讲，针对功能模块的集成测试可以理解为粗颗粒度的单元测试，或者称之为单元测试的高层抽象。这种理解并没有太大问题，因为本节开头便已经阐明，这些均属于前端范畴狭义层面的单元测试。具体到实际工作，两者的实施方案也大致相同。但是本书仍然秉持单元测试与集成测试分离的原则，区分两者的界限是与业务功能的直接相关度。以上文提到的验证登录用户名格式功能为例，请看代码 7-6。

**代码 7–6**

```
function isAlphanumeric(str){
    return /^[a-zA-Z0-9_]*$/.test(str);
}

function verifyUserName(name){
    if(typeof name !== 'string'||!name){
        return false;
    }
    return isValidString(name);
}
```

函数 verifyUserName()的功能是验证用户名是否有效，函数 isAlphanumeric()的功能是验证入参字符串是否只包含英文字母、数字和下画线。在与业务功能的相关度上，isAlphanumeric()的功能是纯粹的字符串验证；而函数 verifyUserName()在验证用户名格式正确性之前还需经过数据类型和空值验证。进而函数 isAlphanumeric()属于单元测试范畴，函数 verifyUserName()则应在集成测试环节验证。

**端到端测试**

不论是单元测试还是集成测试，针对的均是 Web 应用的某一部分，而端到端测试面向的是应用程序整体。通俗地理解端到端测试，就是从用户的角度验证 Web 应用的功能和视觉是否符合预期要求，欲达此目的必然要将应用程序运行起来，这是端到端测试相对于单元测试和集成测试最大的区别之一，后两者仅需将测试单元（函数或模块）与其他单元隔离即可。Mock 的对象是函数、类、模块甚至宿主 API；而端到端测试的基础单元是 Web 应用的前端整体，将其与后端隔离，Mock 的对象往往是数据接口。所以，进行端到端测试需要两个必要设施：

- 用于运行 Web 应用的宿主环境即浏览器。
- 用于 Mock 真实后端接口的测试用 Web 服务器。

端到端测试的验证目标有两个：第一是验证功能，在这一点上与集成测试有一部分重合的地方；第二是验证 UI。Web 应用的 UI 非常脆弱而且容易变动，加之强调组合性的 CSS，诸多特征令 UI 的验证异常艰难。

解决这个问题的切入点并非集中在工程层面，更重要的是与架构设计相结合。本书第 3 章提到了 CSS 的技术规范，其中很重要的一点是选择利于维护和迭代的命名方式，尽量将编程语言的部分理念带入 CSS。BEM 是目前最流行的一种 CSS 命名管理策略，除去选择器名称的规范以外，在设计原则上，BEM 方法论还包括两个核心：第一，尽量避免同一个元素有多个 classname；第二，尽量避免父级元素的样式继承。这两项原则的宗旨均是尽可能地规避 CSS 的组合和继承特性，令元素样式来源于唯一的规则，更利于追踪和验证。如果将 UI 测试带入上述的理想场景中，验证某个元素 UI 的正确性便可以转化为验证此元素是否包含正确的 classname。

但上述方案必须建立在一个既定前提之下：应用某个classname对应样式的元素UI必须符合预期。通俗点说就是CSS规则符合设计稿，包括颜色、尺寸等细节，而针对这个前提条件的验证是实现自动化UI测试最困难的部分。目前业内对此问题的解决方案不论复杂度如何，基本的模式是一致的：运行应用→截图→图片对比，辅助此方案实施的开源工具较知名的有PhantomJS[1]、Selenium[2]以及国人开发的berserkJS[3]等。此类解决方案最大的问题是搭建成本高、耗时长，并且从验证收益上来看也并不突出。即使抛开这些不谈，前端UI验

1 参见链接 94。

2 参见链接 95。

3 参见链接 96。

证还有一只最大的“拦路虎”：浏览器兼容性。基于上述现状，目前大多数测试体系中针对端到端测试的环节并未将UI测试作为自动化的一部分。

## 7.3.2 依赖注入

依赖注入是用于实现测试案例作用域隔离的一种通用手段，简单来说就是将某个测试单元（函数、类、模块等）依赖的外部单元替换为模拟对象，这类模拟对象通常被称为测试替身（Test Double）。比如在代码 7-6 中，函数 verifyUserName()内部调用了另一个函数 isAlphanumeric()，在测试过程中将 isAlphanumeric()函数替换为测试替身，进而可以检测到 isAlphanumeric()函数被调用的行为。测试替身的作用一方面是将测试单元建立在与外界隔离的作用域，以便将验证集中在其自身的逻辑上；另一方面也可以避免由调用其他单元引起的连锁效应，既保证了安全性也能够很大程度上提高测试速度。测试替身根据其作用的不同可以为四类：Stub（桩）、Mock（模拟）、Spy（间谍）和 Fake（伪装）。

### Stub

Stub 对象没有任何逻辑性，它的作用是返回固定的预设值或响应固定的预设行为，而且预设值/行为不会跟随它被调用的方式、参数等因素改变。Stub 对象通常用于为测试案例建立既定的前提条件，进而在此前提之下验证测试单元与之相关的逻辑。

### Mock

Mock 对象是其对应的真实对象的表象模拟，与 Stub 不同的是，Mock 对象的输出或行为会跟随它被调用的方式、参数等因素做出对应的反馈。通常用来验证函数/对象/模块之间的交互行为。比如代码 7-6 中的 isAlphanumeric()函数便是典型的 Mock 场景。

### Spy

Spy 是介于 Stub 和真实对象之间的一种混合体，跟它的名字一样，Spy 就像间谍一般监听真实对象的交互行为，并且在必要的时候用伪装的数据/行为进行真实数据/行为的拦截和替换。在实际应用中，Spy 通常用于验证某个对象或函数的调用信息，这些信息包括但不限于被调用的次数、参数类型等。

### Fake

Fake 是一种完全模拟真实对象的替身，从概念上跟 Spy 进行比对：Spy 介于 Stub 和真实对象之间，它只具备两者的部分功能；而 Fake 则是 Stub 和真实对象的综合体，它具备两者所有的功能。Fake 的表现跟真实对象无异，它最典型的应用场景是仿真测试环境，比如通过 Fake 后端的接口令前端的单元测试与后端解耦。

上述四种模拟替身的定义有一些重合的地方，具体到实际工作中也不必太过纠结概念上的区别。目前流行的前端测试框架中只有极少数将四种替身做明确区分，比如SinonJS[1]。而大多数测试框架不管是有意还是无意，均在一定程度上模糊了四种替身之间的界限，比如Jest[2]将四种替身统称为Mock。

## 7.3.3 前后端集成

前两节所述内容均是针对前端范畴狭义上的测试行为，运行在与后端隔离的前端测试环境中。根据图 7-12 描述的迭代流程，在前后端单元测试完成之后必然有一个集成过程，在此之后针对集成后的完整 Web 应用再在集成测试环境中进行集成和端到端测试，请看图 7-12。

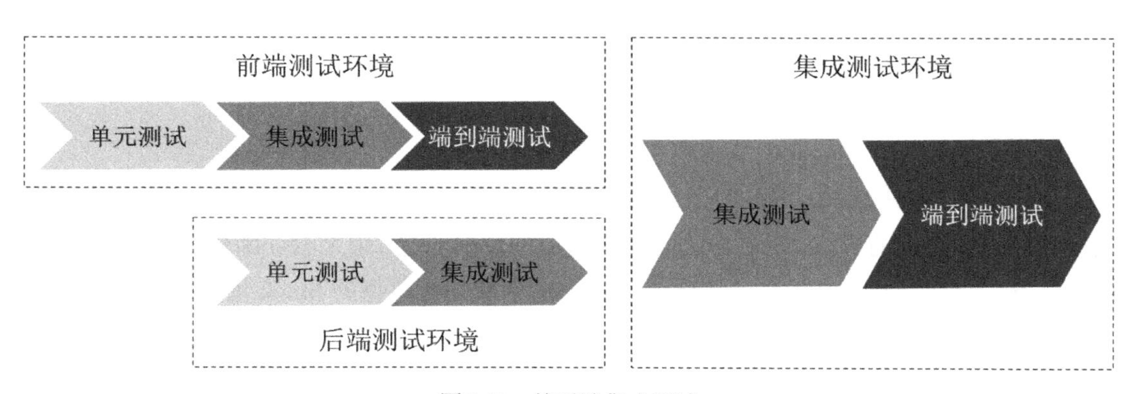


图7-12　前后端集成测试

如何支撑前后端集成的测试场景也是前端工程化需要考虑的一个重点，这个问题的解

1　参见链接 97。

2　参见链接 98。

决方案涉及前端、后端以及测试三种职能团队的协作和配合。在流程上，进入开发之前需要先共同制定前后端各自以及集成后的测试案例列表。比如 Web 应用的某个功能涉及网络通信，前端作为请求发起方，测试案例是验证后端接口返回既定数据（Stub 数据）后是否做出正确解析和 UI 反馈，其 Mock 的对象是后端接口；而后端作为请求接收方和数据响应方，测试案例是验证接收到既定的前端请求后是否将正确的数据返回给请求方，其 Mock 的对象是前端发起的请求。而两者集成之后，集成测试和端到端测试在集成测试环境中进行，其 Mock 的对象通常针对 Web 分层架构中处于 server 层之下的层级，比如数据访问层和储存层。在具体的测试案例上，前端语境下狭义的集成和端到端测试与 Web 应用整体语境下广义的集成和端到端测试之间有很大一部分案例是重合的。前端测试验证的前提是后端返回了正确的数据，这也是针对 Web 应用整体进行测试的一个验证目标，区别在于集成后的测试案例无须 Mock 后端接口的数据和行为。

## 7.4　运维支撑

本书第 1 章提到，前端开发者在与其他职能团队的协作期间存在工程边界问题，造成这类边界的原因可能是软件的架构体系、不同职能人员的分工以及由业务特征决定的发布策略等。相对来说，前端与后端、客户端、测试之间的边界比较模糊，并且如果边界对整体的开发效率的影响有相对充裕的可调整空间，要么从架构入手、要么从组织结构入手，用一句通俗的话讲，这些毕竟是技术团队的“内忧”。与之相对的，前端与运维之间的“外患”边界却非常坚固。

目前大多数公司对产品的发布有严格的“闸门”，把控这道门的便是运维团队。不论是后端的服务器代码，还是前端的静态文件，发布到生产环境必须经过运维这道关卡，开发团队的权限顶多延伸至预发布环节。之所以让运维人员严格把控发布权限，是因为产品的发布过程非常脆弱，哪怕预发布服务器与生产服务器之间只存在极小的差异都有可能造成难以预估的发布风险。所以运维人员最重要的工作是保障生产环境的稳定性和安全性。发布权限掌握在运维人员手中便于在产品上线之前对质量和风险进行把控，在此前提下应建立一套严谨的运维安全审计系统，或者也可以称为发布风险管理系统，借助跳板机或堡垒机进行授权管理、资源控制、记录审计等运维操作。

在这种职能分配规则下，开发与运维之间的普遍交接流程是：开发人员将测试验证通过的代码文件部署至一台内部服务器上，然后发起上线申请；随后，运维人员从这台内部服务器中获取文件部署到预发布或灰度服务器上；经过一系列质量验证和风险评估之后产品才能最终发布上线。相对于后端来说，前端与运维的对接要简单许多，因为前端需要上线的大多数是静态文件，不需要像后端那样根据可能的请求量评估和申请服务器的 CPU、内存、硬盘等。通俗地讲，前端开发者需要做的就是把本机的文件上传到与运维对接的内部服务器上。除此之外，为配合运营往往需要统计生产环境的一些产品数据，这些数据一部分用于分析用户行为以便制定后续的产品迭代策略，一部分用于技术团队进一步提升用户体验。

## 7.4.1 一键部署

静态文件的交付方式经历了从刀耕火种到工程化的演进过程，最原始的方式是开发者将文件打包后通过邮件或通信软件发送给运维人员；随后有了对接的内部服务器，开发者可以使用一些工具（比如 FTP 上传软件）将文件上传至指定路径下，然后通知运维人员在此路径下获取文件；在此基础之上，通过命令行工具将构建产出的文件一键部署到内部服务器，进一步降低了人力成本。

一键部署功能的开发并不困难，有大量优秀的开源工具可供使用，唯一的前提是需要远程服务器开放 FTP 或 SFTP 上传权限。需要注意的是，如果存在多环境部署（比如测试环境、仿真环境甚至生产环境），那么部署与构建之间必须遵守统一的环境变量，即如果构建的是针对测试环境的产出，那么部署的目标服务器或路径也必须对应测试环境。为避免部署与构建目标环境不一致的误操作，对两者的环境变量进行约束和审查是一道必要的门槛。较普遍的做法是在构建系统中添加一项额外的子功能，同项目文件一起产出一个标记环境变量的文件；随后在部署上传之前首先校验环境变量是否与构建产出一致。当然，这种校验程序只是针对开发者本机环境，因为构建与部署分离，所以必须通过某种方式将两者进行关联。而在持续交付体系下，构建与部署之间从流程上顺序相接，则不再适用于此方案，本书第 8 章将介绍与此相关的知识。

### 7.4.2　日志埋点

生产环境中的用户数据是业务后续迭代和演进方向的重要参考指标，尤其是在现今大数据驱动的背景下显得尤为重要。Web 应用收集的用户数据根据与用户交互的相关性可以分为两类：

- 静态数据
- 动态数据

所谓静态数据指的是与用户交互行为无关的数据，比如 PV 和 UV；动态数据指的是用户停留在应用期间，针对页面中指定区域的交互行为数据，比如广告位的点击量、菜单栏的呼出频率等。两种数据类型对业务的指向性不同，动态数据是非常细化的指标，可以具体到某一项功能或某一个区域的 UI，通常被用于验证应用新旧版本从视觉和交互的角度对用户关注点的引导作用，比如 A/B 测试；而静态数据则用于验证诸多细节调整之后用户对产品整体的反馈，是一种聚合指标。

两种数据的收集途径也不相同。对于静态数据，以 PV 和 UV 为例，映射为技术指标分别对应 Web 应用被打开的次数和以同一用户 ID 去重后的结果。这些数据在应用运行期间只统计一次，较普遍的做法是监听 DOMContentLoaded 事件或 jQuery 的$(document).ready 事件，进而触发向日志服务器发送指定数据格式的请求。这种方案的优点是，与业务无关，可以随时开启或关闭，在实际工作中通常由专业的数据统计人员开发一个通用的 SDK，一线开发者只需在 HTML 中引入 SDK 文件即可，不涉及业务代码的改动。而与之相对的动态数据因为具体到某一项功能，跟业务是强耦合关系，所以往往需要一线开发者在业务代码中插入埋点逻辑，如何提升埋点的效率也是前端工程化需要解决的一个问题。

图 7-13 展示的是一个初始引导页面，只包含两个元素：一张 logo 图片和一个按钮。

这类引导页面比较常见的交互是单击按钮进入应用主页面，但是也有一部分产品会为 logo 图片添加相同的单击逻辑。这种做法褒贬不一，从技术角度来说，为图片添加单击事件不仅违背了<img/>标签的语义，而且图片在视觉上并没有起到引导作用；而从产品的角度来说，偌大的页面之中按钮的可交互热区太小，只要能够提升应用的使用率，所有方法均可一试。为了验证哪种交互方案更合理，研发团队决定在某一次迭代中将图片和按钮都添加统计日志，进而可以根据用户的反馈确定最终方案。

图7-13　初始引导界面

### 命令式埋点

命令式埋点也叫代码埋点，是最原始、最普遍的一种埋点方式，在代码中需要埋点的位置直接调用日志统计接口，发送指定格式的日志数据。代码 7-7 展示的是上述案例传统的代码埋点方式。

**代码 7-7**

```
// 发送日志函数
function sendLog(event,element){
  const img = new Image();
  img.src = `http://www.app.com/stat/?event=${event}&element=${element}`;
}

const $logo = document.querySelector('.logo');
const $button = document.querySelector('.btn');
$logo.addEventListener('click',()=>{
    sendLog('click', 'logo');
    // 其他逻辑
```

```
},false);
$button.addEventListener('click',()=>{
    sendLog('click', 'button');
    // 其他逻辑
},false);
```

函数sendLog()的作用是向日志统计接口www.app.com/stat/发送约定格式的日志请求数据。为页面中的两个元素（图片logo和按钮button）分别添加click事件并且被单击后触发日志请求。

命令式埋点的优点是实现方案足够简单，但是缺点也同样明显：

- 对业务代码有很强的侵入性。
- 需要开发人员大量的重复性劳动。
- 如果想清除一些临时性的日志埋点则需要开发人员手动查找其对应的埋点代码位置，这是一项非常耗时的工作。

#### 声明式埋点

日志埋点可以抽象为三元素：DOM、数据和请求。命令式埋点最主要的缺陷是日志请求由DOM的交互逻辑代码直接调用，进而形成与业务代码的强耦合关联。声明式埋点是在命令式埋点基础上的进一步抽象，在日志请求和DOM交互之间建立了一层抽象逻辑。声明式埋点只关注两个元素：DOM和数据，而日志请求则由抽象层完成。在上文案例基础上，结合Vue自定义指令[1]完成简单的声明式埋点封装的代码如代码7-8[2]所示。

**代码7-8**

```
// index.js
//自定义v-stat指令
Vue.directive('stat', {
  bind(el, binding) {
```

1　参见链接99。

2　完整示例代码请访问参见链接100。

```
        const eventName = binding.arg;
        const {event, element} = binding.value;
        eventName&&el.addEventListener(eventName, function(){
          sendLog(event, element);
        },false);
      },
      unbind(){…}
    });

    // App.vue
    <template>
    <section>
      <img alt="logo" src="./assets/logo.png"
        v-stat:click="{event:'click',element:'logo'}"/>
      <div class="btn__container">
        <button v-stat:click="{event:'click',element:'button'}">
          Into the new world</button>
      </div>
    </section>
    </template>
```

自定义的 v-stat 指令可以通过类似声明 HTML 元素属性的语法来声明日志数据。Vue 自定义指令的 bind()方法内部可以通过第二个参数 binding 获取 v-stat 指令的各项值，代码 7-8 分别为 img 和 button 元素添加 click 事件反馈以及对应的日志数据。在 unbind()方法中可以做一些清理工作，比如移除事件监听。

上述代码还可以进行更深一层的抽象，比如可以将 v-stat 指令的值（即 binding.value）设置为一个字符串，并且将此字符串对应到一个 JSON 的 key，进而获取到对应的 value，即最终的日志数据。这种做法的优点是，可以将日志统计需求抽象为一个 JSON，在遇到清除临时统计时只需将其对应的 key-value 从 JSON 中移除即可。

可以看出，声明式埋点虽然在一定程度上弱化了埋点代码和业务代码之间的耦合度，但仍然是一种侵入式方案，并且依赖一定的技术栈选型。目前业界不乏一些为解决此等缺陷的埋点方案，比如以Mixpanel[1]为代表的无痕埋点、以GrowingIO[2]为代表的无埋点等。这类方案虽然在一定程度上解决了声明式埋点的缺陷，但同时也存在实施成本太高、产生冗余数据、精细度不足等负面影响。截至目前，仍然没有一种被广泛认可且相对统一的新型埋点方案，期待未来技术的发展可以带来更优的选择。

## 7.4.3　性能监控

性能对 Web 应用的重要性不言自明，产品上线后对生产环境的性能监控也应该作为工程化不可或缺的一部分。目前较普及的前端性能监控方式根据监控场景的不同分为两种：

- Synthetic Monitoring，合成监控，简称 STM。
- Real User Monitoring，真实用户监控，简称 RUM。

### STM

STM是将应用部署到一个模拟场景中，进而统计各项性能指标，PageSpeed、Lighthouse[3]、WebpageTest等均属于此类。STM的优点是实现相对简单，有足够成熟的优秀案例和工具可供参考，采集的数据也足够丰富。更主要的是，不需要开发者在业务代码中进行干预，是一项完全独立的行为。缺点是无法完全还原真实的使用场景，并且进行数据统计的模拟场景是一个相对封闭的环境，对于重交互的功能支撑度不足，比如用户登录。

### RUM

RUM 则是与 STM 完全相反的一种监控方式，它聚焦的是真实的用户环境，所获得的数据能够直接反映不同设备、网络、操作系统等因素对性能的影响，进而在此基础上能令研发团队的优化方向更具指向性。当然，要想得到更精准的数据必然需要付出更多代价。跟 STM 相比，RUM 的实施成本非常高，即需要前端开发者在应用代码的指定位置埋入统计日志，也需要服务器开发专用的日志收集和分析服务。

1　参见链接 101。

2　参见链接 102。

3　参见链接 103。

在实际工作中，STM 和 RUM 并不是非黑即白的，两者的应用场景的重合度其实并不高。STM 通常被用来进行优化前后的效果对比，因为在一致的运行环境下数据的变动才具有比较价值。而 RUM 则更多地用来统计运行环境差异性对应用性能的影响，比如假设同一版本的应用在 iOS 12 下的性能表现逊于 iOS 11，研发团队收集到数据后可以针对 iOS 12 进行单项优化。

## 7.5 总结

项目规模增长至人力难以支撑的程度之后必然需要借助一定的外力来提高生产力和生产效率，具体方案根据与业务的相关性强弱可以分为架构和工程。架构聚焦于模块的解耦和集成，在代码层面保障系统整体和局部模块的高可用、高性能、可扩展、可伸缩以及安全性。于架构之外，工程在具体实施、协作以及流程的角度支撑开发、测试和运维，令迭代更加有序和高效。

通俗地讲，工程化与手工作坊制最大的区别在于，工程化的目标是提高大规模和“量产”项目的效率和质量。本章所述的前端工程服务体系中的各个模块和功能有一个共同点，即运行环境皆为开发者本机。这是工程化的起步，也是最原始的形态，下一章将介绍前端工程化如何在原始形态的基础之上，进化为理想形态。

# 第 8 章 DevOps 与 Serverless

没有任何技术或管理上的进展，能够独立地许诺十年内使生产率、可靠性或简洁性获得数量级上的进步。

——摘自《没有银弹——软件工程中的根本和次要问题》

建立在技术架构基础之上的工程思维是一种流程管理理念，没有具体的实践模式，任何能够令迭代流程更高效、更有序的措施都可以归属于工程范畴。第 7 章描述了前端开发在工程角度存在的效率问题，以及如何建立规范的制度和使用合理的工具进行改善，这些实践共同组成了前端工程服务体系。其包含的所有辅助功能有一个共同点：执行环境均是开发者本机，并且各环节均可独立工作，缺乏连续性。一个完整系统的各个模块如果相互割裂很容易造成不同步的问题，比如第 7 章末尾提到的构建和部署目标环境的差异。持续化，包括持续集成和持续交付的思想便是将迭代流程中所有环节串联为连续的工作流，将持续化优势发挥到极致的 DevOps 是前端工程化现阶段的理想形态。

技术是不断发展的，所有的所谓最佳实践均需带入相应的技术时代背景下才成立，DevOps 也是如此。借助云计算和容器技术能够更便于 DevOps 的实践，但同样是这两项技术，可能会引起 DevOps 革命性的改变。

本章内容分为两部分，第一部分讲解现阶段前端工程化的理想形态，即 DevOps 的相关发展和实践模式；第二部分将目光聚焦于未来，共同探讨可能改变前后端分层架构的 Serverless 及云开发相关技术。包含以下内容：

- DevOps 的起源和持续交付的基本实践模式。
- Serverless 相关技术以及可能引起的变革。

# 8.1 DevOps 与敏捷开发

第 7 章提到，目前大多数企业针对研发和运维团队的结构划分和分工模式呈现出明显的割裂状态，研发团队通常包括设计工程师、开发工程师和测试工程师，共同完成产品需求分析、设计、编码和质量保障，最终交付给运维工程师进行生产环境的部署和产品发布工作。在完成测试之前，研发团队与运维团队几乎没有任何交集，与此同时，产品的部署和发布对于研发团队来说虽然不是完全的黑盒但也并不透明。这样的分工模式很容易引发两种团队由于不清楚对方的具体需求而造成迭代周期延长、产品发布风险高等问题。DevOps 便是为了解决此类问题产生的，Dev 代表 development（研发），Ops 代表 operations（运维）。DevOps 倡导运维工程师在迭代初期便加入项目组，及早说明各自需求并且在必要的时刻及时进行干预，尽量减少不可预估的风险发生。

DevOps最早的萌芽可追溯到 2008 年，在多伦多敏捷大会上，IT咨询师Patrick Debois分享了一篇名为*Agile Infrastructure and Operations*[1]的演讲。随后，2009 年在比利时根特的第一届DevOpsDays会议上正式确立了DevOps这个术语。从历史起源上，DevOps与敏捷开发有着不可分割的关联，所以要理解DevOps必然需要对敏捷开发有一定的了解。

## 8.1.1 敏捷开发

传统的软件开发流程是一次性地提出需求，然后依次经过全量的设计、编码、测试，最后交付给运维工程师进行部署和发布，如图 8-1 所示。在这种模式下，各职能团队对项

1 参见链接 104。

目迭代的干预状况是要么毫不干预，要么集中干预。在对全量需求密集进行干预的过程中很容易造成问题的大量积累，典型的现象是开发人员完成编码之后将代码交付测试，测试工程师在测试过程中发现了堆积如山的 bug，再一股脑儿地反馈给开发人员，如此往复。测试通过后，在最后的部署和发布环节同样不能掉以轻心，开发工程师和测试工程师往往在产品上线当天需要跟随运维工程师一起紧绷神经。这种协作模式也是造成员工加班的主要原因之一，很常见的一种情况是，开发工程师用一上午的时间完成编码工作并且递交测试，下午测试工程师紧锣密鼓地进行测试。与之对应的是，开发工程师白天很多时间处于空闲状态，但是临下班的时候收到测试工程师反馈的一堆 bug，进而不得不加班修复，与此同时，测试工程师也需要随时待命。

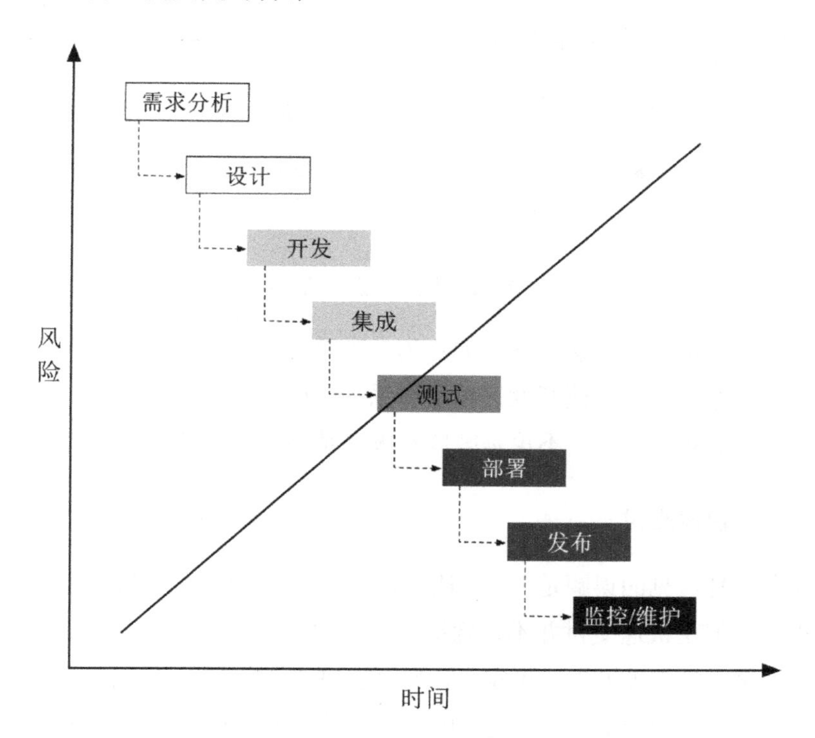


图8-1　传统软件开发流程

敏捷开发（Agile software development）是 20 世纪 90 年代流行起来的一种新型软件开发方法，与传统的全量开发不同的是，敏捷开发倡导渐进式的轻量开发。将功能需求分解为一个个轻量的子功能或任务，然后针对这些任务进行渐进式迭代。形式上的敏捷迭代流程与传统的流程类似，同样需要经过设计、开发、集成和测试，只不过每次迭代只针对需求的一小部分，如图 8-2 所示。这样做的优势是能够令不同职能团队对迭代进度进行及时干预，缩短反馈回路，进而可以快速发现和解决问题，降低整体的迭代风险。

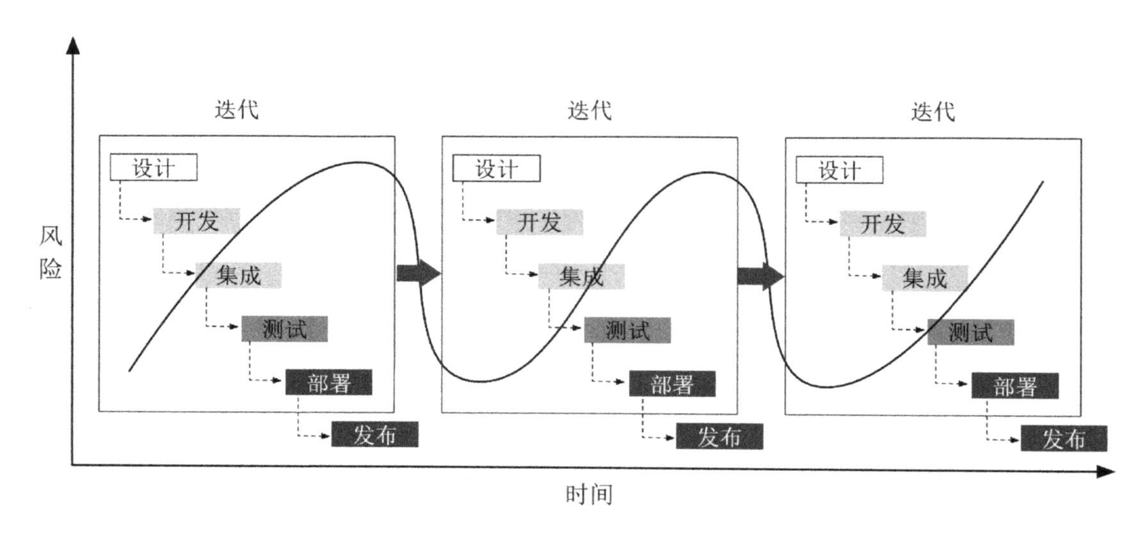


图8-2　敏捷开发流程

敏捷开发与其说是一种方法，倒不如称为一种思想。因为即使在今天，业界也并没有形成统一的敏捷开发模式。敏捷开发提出了一系列原则，包括频繁协作、面对面沟通等，但并没有规定具体的实践方案，不论是敏捷看板还是站立会议都是形式上的探索。

### 敏捷不是为了快速交付

对敏捷开发一种常见的误解是，它被认为以快速交付[1]为目标。敏捷开发能够更好地支撑快速交付需求，但是快速交付并不是敏捷开发的主要目标。敏捷与快速两者并不等价，敏捷开发也并不是为了快速开发。事实上，为追求快速开发有另外一种方法论，叫作RAD[2]（Rapid Application Development，快速应用程序开发）。RAD与敏捷开发是两种完全不同的方法论，前者旨在缩短开发周期，后者是为了快速应对不断变化的需求。在图 8-2 中，发布被放在了代表迭代周期的方框之外，意为发布仅仅是敏捷开发流程中的备选项。具体到

1　这里的交付指的是将开发完成的功能开放给用户，可以理解为发布。

2　参见链接 105。

实际工作中既可以在每次轻量迭代完成后立即发布，也可以等待所有迭代流程完成之后再全量发布，第一种策略便是本章下文即将讨论的持续交付。

**微内核与微服务**

虽然敏捷开发并没有限定软件的具体架构，但有些架构模型从基因上能够更好地适应敏捷开发，这类架构的共同点是模块之间低耦合、易扩展，微内核架构和微服务架构是符合这类特征的两种比较普及的架构模型。

- 微内核架构（Microkernel Architecture）也叫作插件架构（Plugins Architecture），顾名思义，这类架构的特点是拥有一个非常“薄”的内核，理想状态下所有具体功能均由插件提供，内核只负责对各个插件进行调度和集成，如图 8-3 所示。微内核架构通常被用于软件的应用层。

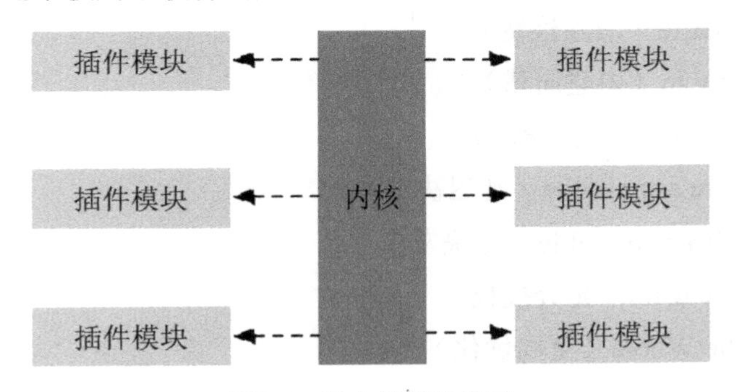


图8-3　微内核架构模型

- 微服务架构（Micoservices Architecture）是最近几年流行起来的一种分布式服务架构模型，相对于传统的集中式服务架构，微服务的各项子服务进行解耦分离，从而可以单独迭代和部署，并且可以降低整体服务的宕机风险，如图 8-4 所示。

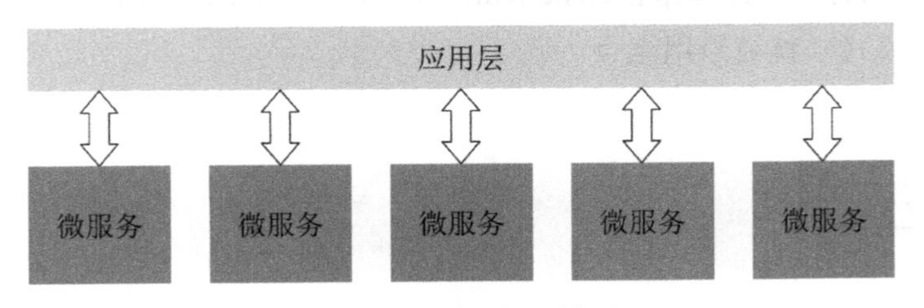


图8-4　微服务架构模型

## 8.1.2 DevOps

虽然 DevOps 并不等同于敏捷开发，但两者的思想有很多共通的地方，比如都强调轻量迭代和持续集成。与敏捷开发不同的是，DevOps 是面向交付的，也就是说，每一次轻量迭代在 DevOps 体系下均会被交付到生产环境。此外，DevOps 还强调产品交付后的用户的持续反馈，并以此为参考及时修正后续的功能迭代。

**精益思想**

起源于 20 世纪 90 年代的日本制造业的精益生产[1]（Lean Manufacturing）是一种旨在减少生产过程中无谓浪费的系统性生产方法，后来这种思想被带入软件开发领域形成了精益软件开发[2]（Lean software development，简称LSD）理论。LSD遵循以下 7 项原则：

- Eliminate Waste（消除浪费）
- Build Quality In（内建质量）
- Amplify learning（增强学习）
- Decide as late as possible（延迟决定）
- Deliver as fast as possible（尽快发布）
- Empower the team（充分授权）
- Optimize the Whole（全局优化）

以上 7 项原则被统称为精益原则，不难看出，精益原则与敏捷开发有很多重合的地方，事实上，LSD本身就起源于敏捷社区，部分原则也是从敏捷开发思想中总结而来的。DevOps 则更进一步，将精益原则应用于软件开发相关的所有团队中，包括研发和运维。目前业内公认的、对DevOps的最佳诠释来自Gene Kim所著的*The Phoenix Project*[3]一书，倡导业务与IT一体化，这种模式一直被沿用至今。

1 参见链接 106。

2 参见链接 107。

3 翻译版书名为《凤凰项目》，此书讲述的是一个 IT 经理临危受命挽救公司的经历。

### 持续交付

持续交付（Continuous Delivery，简称 CD）是使产品能适应复杂多变的市场环境的一种行之有效的措施，也是精益思想的原则之一，DevOps 的目标便是实现持续交付。DevOps 并不是一种固定的标准或方法，而是一种指导思想，既包括产品的迭代和发布策略，也包括人与人之间的组织关系，通过不同职能之间的紧密协作以支撑持续交付的可行性。持续交付倡导每次代码的构建产出均是可交付的，但速度并不是持续交付的唯一衡量标准，高可用、高性能、安全等因素是在实现快速之前的重要“关卡”，在代码质量得到保障的前提下快速交付才有价值。

### FEOps

DevOps在其他技术领域，尤其是在服务端开发领域中的推广和普及程度远胜于前端开发，虽然如今前端的业务复杂度和功能需求远胜于以往，但从Web整体的角度上仍然被很多团队定位为很薄的一层“挂件”。但其实早在 2013 年就有人提出了Front-End Ops（简称FEOps）的概念 [1]，暂不讨论其具体的实践模式如何，从名称上仍然把前端归类为开发之外，并未将前端与传统开发平等对待。这并不是一种偏见，从客观上来看，前端开发的特征与其他技术领域确实存在一定的差异，比如艰难的UI测试和性能评估必须将应用放置于特定的宿主环境中才有对比价值等，进而影响了DevOps的具体实施模式。但随着前端开发模式的转变和工具生态的完善，这些差异正在逐步弱化。抽丝剥茧之后，如今将DevOps思想带入前端开发并不是一件很违和的事情，并且前端工程化的最终也是理想的形态，便是融入Web项目整体的DevOps体系中。但是这并不意味着前端架构师需要进一步成为一名“DevOps工程师”，因为DevOps是一种覆盖所有职能团队的实践思想，它不需要一名专业的“DevOps工程师”来统筹。DevOps体系需要所有人的共同努力，并不能仅凭一人之力支撑。所以如果有人自称是一名“DevOps工程师”，那就相当于说他自己一个人开着潜水艇抵达了马里亚纳海沟底部一样滑稽。

1 参见链接 108。

## 8.2 持续交付

持续交付从流程上包含三个必要因素：持续集成、自动化测试和部署流水线，三者并不是顺序相接的独立环节，而是互有相交和依赖关系的。所谓持续集成（Continuous Integration，简称 CI），是一种比较模糊的定义，是指每次代码的修改或提交都触发构建和测试，展开来讲又可分化出代码版本控制、触发条件规范等细节。持续集成的产出是面向测试的，代码经过单元测试、编译和构建之后交付至自动化测试系统；然后，经过集成测试、验收测试的验证通过后被递交至部署和发布，这一套完整的流程被称为部署流水线，如图 8-5 所示。

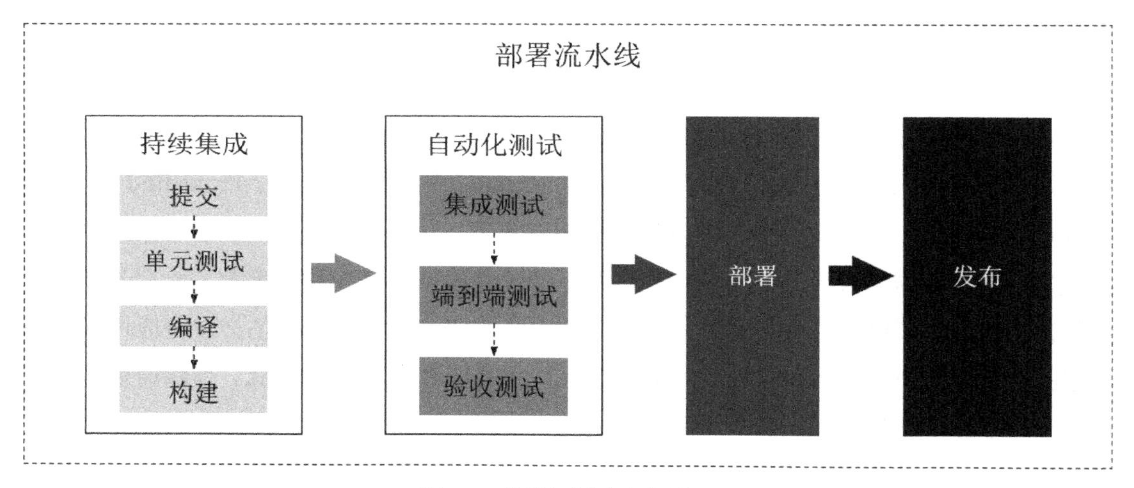


图8-5　简易部署流水线模型

### 8.2.1 持续集成

持续集成来源于 1996 年Kent Beck提出的极限编程方法[1]（Extreme Programming，简称 XP），他在《解析极限编程：拥抱变化》[2]一书中对持续集成一词给出了说明：每天多次集成和生成系统，每次都完成一项任务。这句简短的说明其实是对持续集成实践方案的基本

1　参见链接 109。

2　英文原版名称为 *Extreme Programming Explained: Embrace Change*，出版于 2011 年。

指示，但并未直接给出持续集成的目的。在发展至今的二十几年时间里，软件工程领域对持续集成的普遍认知定性为一种质量反馈机制。高频轻量的集成和构建背后的目标是为了尽早发现代码中隐藏的质量问题。

持续集成并非以交付为目标，但实现持续交付必然需要持续集成的基层支撑，在此角度上，持续集成与敏捷开发是共通的。严格意义上讲，持续集成流程的起点是代码被提交至代码仓库的那一刻。但在实际工作中，从业务需求被确定、评审以及设计完成之后正式进入编码阶段开始，便进入了持续集成流程。所以，持续集成的一个必要前提是选择利于集成的分支策略。本书在第 7 章讨论了三种常见的源码分支管理方案，界定是否利于集成的基础原则是触发集成任务的条件是否具备唯一性。以这条原则评定，Git Flow 是相对最不利于集成的一种，因为在 Git Flow 规则下的几种分支类型中，理论上触发集成任务的应该是 develop 分支，但是 hotfix 分支的存在却打破了唯一性原则。

持续集成模型中的角色可以分为三类：开发者、源码服务器和 CI 服务器。基本的流程是：

1. 开发者将代码提交至远程仓库，即源码服务器。
2. 源码服务器遵循约定的通信规范（比如 WebHook）通知 CI 服务器有新的任务。
3. CI 服务器接到通知后对新提交的代码进行构建、测试等一系列流程，产出文件的同时将本次构建任务的结果反馈给开发者，整体流程如图 8-6 所示。

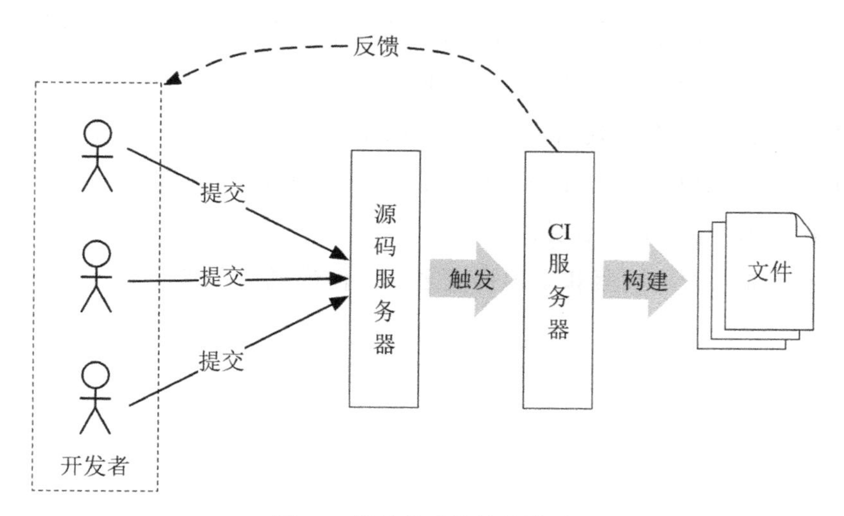


图8-6　持续集成的简易模型

### 人的因素

图 8-6 中除了负责编写代码的开发者以外，并未显示其他环节需要人的参与，持续集成虽然倡导自动化，但同时也并未否认人的因素的重要性。在 GitHub Flow 和 Gitlab Flow 中，有些重要的流程必须由人工完成。以 GitHub Flow 为例，开发者在 feature 分支上完成开发之后将源码提交至远程仓库的同名分支，同时发起 Pull Request；然后，审查员负责代码审查和分支合并工作；feature 分支被合并至 master 分支后触发 CI 服务器的后续流程。在实际工作中，审查员并不是固定的，虽然在大多数情况下，技术领导者会承担审查工作，但是更合理的方案是所有的团队成员均可以充当审查员的角色，尤其是参与开发各个 feature 分支的一线开发者更清楚其他人的修改对自己所负责功能代码的影响。

### 本地构建

虽然在持续集成体系下以 CI 服务器的构建产出为最终结果，但这并不意味着可以舍弃本地构建。所谓本地构建，即在每个负责 feature 分支的开发者本机环境下进行构建和测试验证，也就是第 7 章描述的构建系统。我们通常会将本地构建作为前端工程化第一阶段不可或缺的一部分，而当工程化演进至持续集成阶段（也可以称为第二阶段）后，对本地构建的依赖性便逐渐减弱，但同样不可或缺。持续集成体系下的构建和测试是在 CI 服务器上进行的，但并非所有团队都有充足的 CI 服务器预算和资源，如果一个 10 人团队只有 1 台 CI 服务器，当多人提交代码时就有可能产生排队的情况。此外，一条通用的持续集成原则是，当某次提交的代码产生构建错误或测试验证失败之后，应该终止队列中后续的所有任务。本地构建不可或缺的原因在于将一些错误提前在本机环境下暴露出来并修复，既减轻了 CI 服务器的压力，也提高了任务的成功率。

综上所述，加入人的因素和本地构建之后，便形成了图 8-7 所示的持续集成进阶模型。

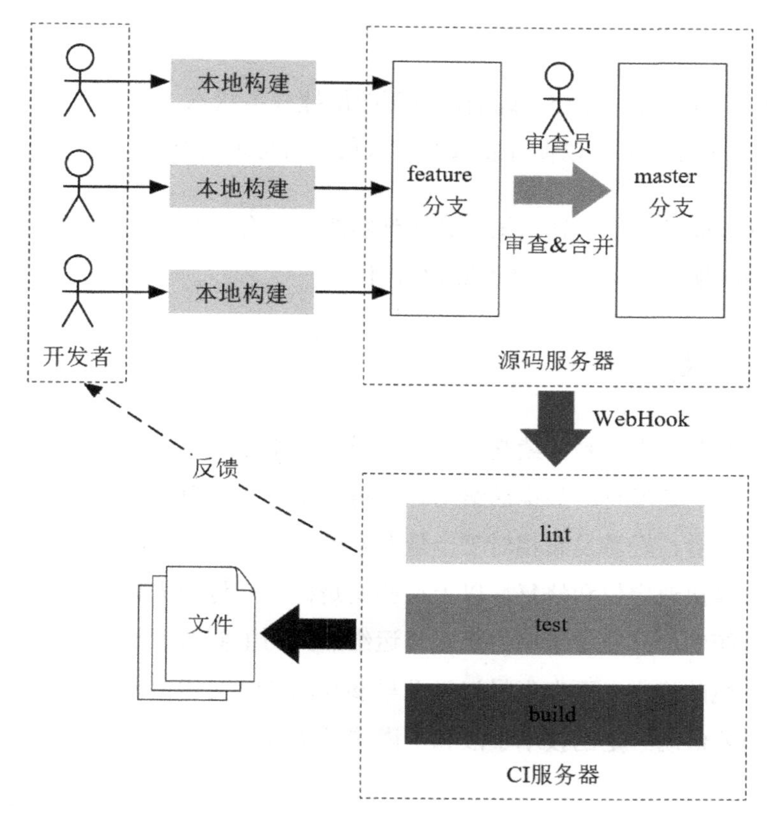


图8-7　持续集成进阶模型

### 持续优化

持续集成是支撑前端工程服务体系进阶的基石但并不是终点，在此之上仍有很多可完善和优化的空间。以图 8-7 所示的模型为例：

- 使用虚拟机或云技术建立 CI 服务器集群以支撑多人并行任务。
- 构建产出除了代码以外还可以同步更新产品 API 的文档。
- 反馈信息以可视化的形式展出以便于特征提取。
- 建立代码review平台（比如Gerrit[1]），代码被提交至源码服务器的同时触发代码审

1　参见链接 110。

查任务。

- 与敏捷看板联动，提交代码的同时更改敏捷任务状态（比如可使用 smart commit 关联 JIRA 任务），以便开发或测试人员有目标地进行验证。

总之，持续集成是一种指导思想，具体到实践中没有绝对统一的方案可遵循，需要结合自身业务和团队现状不断地、持续地进行优化。

## 8.2.2 低风险发布

快速变化的互联网市场是持续交付大行其道的根本原因，通过高频的、轻量的发布策略能够以相对较快的速度将产品推送给用户并得到反馈，进而可以快速调整产品的迭代方向。从技术角度上看，轻量发布相对于全量发布的风险更小，单次部署成本降低，并且如果出现问题也可以快速定位和修复。以上这些均是持续交付的优势，但在收益的背后同样蕴含着风险。传统的产品发布策略将研发与运维隔离的主要原因是为了尽可能保障发布的低风险和生产环境的稳定，而在倡导运维及早参与的持续交付体系下，这类风险并不能完全消除，仍然需要借助一定的技术手段和严谨的发布策略。

**蓝绿部署**

蓝绿部署（Blue-Green Deployment）是最常见的发布策略之一，通过搭建一个与生产环境完全一致（或尽可能一致）并且独立的预生产环境，在产品发布至生产环境之前先将其部署至预生产环境。配置负载均衡器识别既定的请求规则（比如通过识别 IP 地址）将特定的请求引流至预生产环境，然后在此之下进行验收测试和压力测试。验证通过之后再部署至生产环境，并且负载均衡器将所有流量切换到生产环境，至此便完成了产品的发布流程，如图 8-8 所示。所谓蓝和绿指的是两个完全独立且配置一致的环境，通常蓝环境代指预生产环境，绿环境代指生产环境。

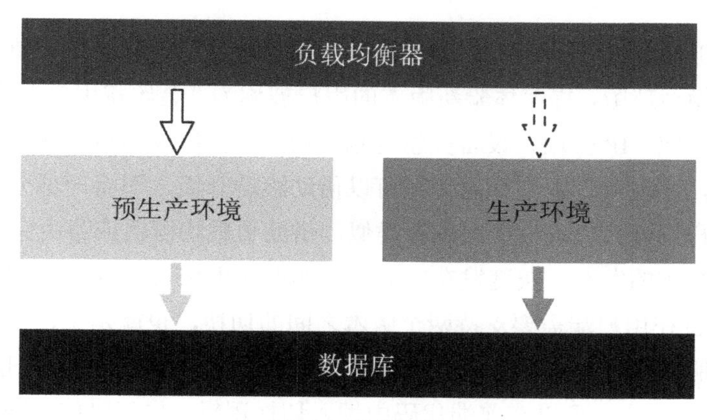


图8-8　蓝绿部署

**滚动升级**

滚动升级（Rolling Upgrade）也叫作渐进部署（Gradual Deployment），顾名思义，这种发布策略的基本思想是将多个服务器按批次递增地更新，适用于有庞大服务器集群的团队和公司，如图 8-9 所示。先将一部分服务器撤下，待升级完成后再上线。相对于蓝绿部署，滚动升级不需要额外搭建预生产环境，成本相对较低。但在滚动升级完成之前仍然在线的服务器会分担暂时下线的服务器压力，这是一项不可忽略的隐患。

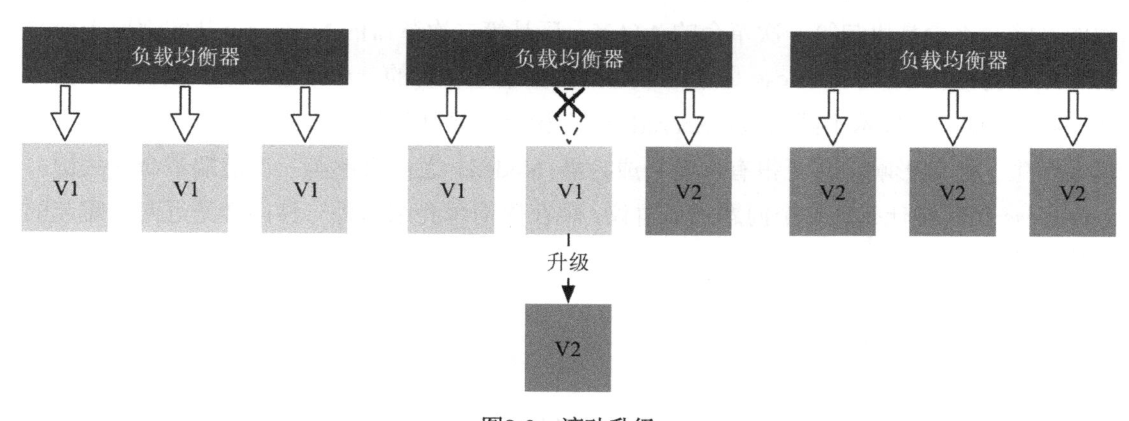


图8-9　滚动升级

**灰度发布**

灰度发布又名金丝雀发布（Canary Release），指的是让一部分用户先使用新版本产品，一旦出现问题能够尽量减小受影响的用户数量；如果新版本稳定的话，便不断地增加新版用户直至全部切换至新版，提前体验新版本的用户被称为“金丝雀用户”。现实中可以根据用户所在的地理区域、IP 分段、设备类型等划分用户。灰度发布可以认为是蓝绿部署和滚动升级的综合体，实现双版本共存的途径可以借助滚动升级，即将一部分服务器先升级为新版本；实现用户导流的方式与蓝绿部署类似，借助负载均衡器或路由完成。

除了用于新版本的发布，灰度发布的另一个典型应用场景是 A/B 测试。与新版上线不同的是，A/B 测试在用户端需要支持两个版本之间的切换，也就是说，用户可以自由选择使用新版还是旧版。为了支撑这项功能，服务器需要提供一个用户在新旧版本之间切换的“开关”。在实现方案上，可以在前端代码中埋入切换逻辑，也可以放在网关或路由层。目前比较普遍也是相对合理的方案是尽可能地将前端与此功能解耦，即前端提供两套代码分别部署到不同的服务器或路径之下，在网关或路由层判断请求参数以进行分发。

## 8.3 Serverless 与前端

从一体式服务器到逻辑与储存分离再到分布式集群，现今网站的后端架构跟最初相比已经发生了天翻地覆的变化，在几十年的演进过程中却从未有哪项技术对前端产生过革命性的影响。不论是引起第一次革命的 AJAX，还是第二次革命的 Node.js，其实都属于前端自身领域内的技术。Serverless 是近两年逐渐占据话题榜首的一个概念，跟负载均衡、分布式储存、CDN 等技术不同的是，Serverless 在聚焦后端架构松耦合的同时也对前端的开发模式产生了深刻影响，甚至很有可能会成为继 Node.js 之后引起第三次前端革命的关键。Serverless 到底是什么？这个问题稍后再议，现在先简单介绍另外一种同样是近两年崛起的架构模式：BFF。

### 8.3.1 BFF

BFF 全称为 Backend For Frontends，即服务于前端的后端。虽然这是一个比较新的名词，但其实与本书第 1 章提到的 Node.js 中间层的定位大致相同。在分层架构上位于应用层和基础服务层中间，从功能上承载渲染、代理和基础服务接口聚合，仍然以交互逻辑为核心，但在一些特定场景下会承载一小部分的业务逻辑，具体场景下文表述。

图 8-10 和图 8-11 分别展示的是简易的传统架构和 BFF 架构模型，本书第 1 章在讲解前端的范畴时提到了业务逻辑的一个基本原则：平台无关性。这项原则适用于大多数产品业务，但随着用户终端多样性的发展出现了一些与此原则相悖的场景，在线视频类产品便是一个最常见的案例。由于版权限制，部分影片只能在指定类型的终端设备上播放，比如 PC 网站，而在其他平台没有播放权，限制映射到业务功能中会影响个人推荐列表、搜索过滤规则等。传统的后端服务架构实现此类逻辑的方式是在 API 服务中增加一段代码用于判定平台类型，然后执行对应的业务逻辑。这种模式一方面会造成代码一定程度的冗余，另一方面所有逻辑耦合在一起不利于分平台迭代，这就是 BFF 诞生的初衷。每个 BFF 都与指定的终端平台绑定，API 的设计也只需要考虑其对应平台的特征和需求，没有冗余代码，并且便于独立维护和迭代。

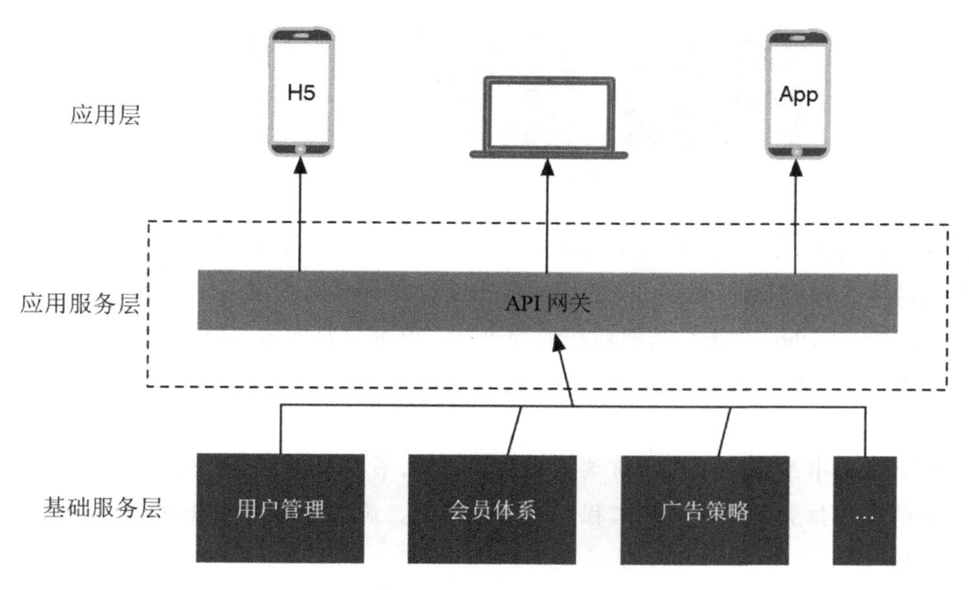


图8-10 传统架构模型

通常使用 BFF 架构的团队在组织结构划分和分工上遵循“自己的事情自己做”的原则，即负责不同平台产品的技术团队同时兼顾 BFF 的开发和维护。比如图 8-11 所示的三种平台 H5、PC 和 App，它们各自的技术团队同时负责自身平台的前端和 BFF。对于 Web 前端工程师来说，Node.js 是实现 BFF 的最佳选型，一方面是由于语言的亲和性；另一方面，BFF 的功能比较简单，Node.js 足以应对。

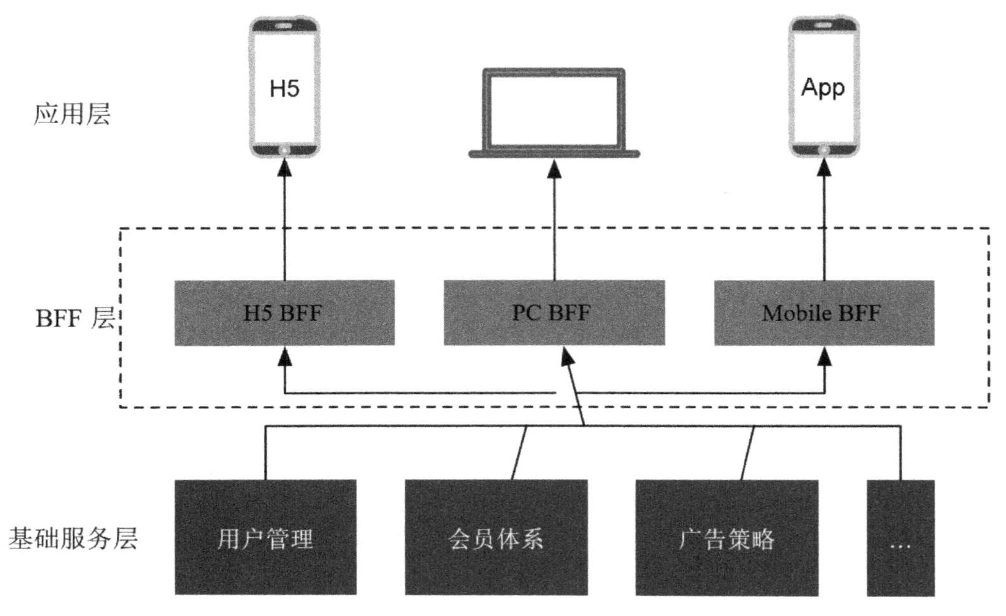


图8-11 BFF架构模型

抛开迭代的便利性，BFF 对于前端最主要的影响是拓宽了前端工程师的承载面，如果能够普及，未来很有可能改变前端工程师这一岗位在产品研发序列中的定位。然而不论是 Node.js、PHP、Python，还是其他后端编程语言，终究只是实现 BFF 服务的媒介，到此我们不妨考虑一个问题：编程语言是否是跨技术领域最大的门槛。

> BFF 与本书第 1 章讨论的前端范畴并不冲突，第 1 章所讲的前端范畴指的是前端在分层架构中的位置而不是前端工程师的能力边界。前者指的是 Web 项目的前端模块，后者指的是人。

Node.js 打破了前后端之间的编程语言壁垒，但其实自 Node.js 诞生到今天的十年时间里，其在 Web 服务端开发领域远未成为主流，并且也鲜有传统前端工程师成功转型为 Node.js 开发甚至“全栈”开发，大部分人在踏入 Node.js 开发之初都异常艰难。编程语言固然是跨技术领域的一道门槛，但终究只是表层也是易突破的一关。Node.js 消除了这一道关卡，但隐藏在编程语言背后的知识却给意图转型的前端工程师泼了一盆冷水。具体到 BFF 开发，实现基本的逻辑和功能只是第一步，在此之后，对生产环境的用户规模、并发量等因素进行合理预估，进而与运维工程师共同完成服务器硬件配置升级、集群扩容等工作是一个合格的服务端开发者必备的素质。这些编程语言之外的知识便是图 7-1 中列出的领域专属知识。不可否认，BFF 有一定的改革意义，但 BBF 层的开发模式与传统的 Web 服务层并没有太大区别。如果要撬动传统前端的地位需要一个合适的支点，这个支点便是 Serverless。

## 8.3.2　Serverless

Serverless不是一种具体的技术或框架，而是一种软件架构理念，一种基于云的解决方案。CNCF（Cloud Native Computing Foundation，云原生计算基金会）将Serverless定义为：为实现构建和运行不需要服务器管理的应用程序的解决方案。[1]不同语言之间的翻译有时并不能完全表达出原词的深意，Serverless的直译名为“无服务器”，但并不代表Serverless模式不需要服务器，而是将服务器的管理与开发者解耦交由云平台负责，让作为计算资源的服务器从开发者的关注列表中删除。最终的目标是提高应用的交付效率并且降低运维的工作量和成本。从研发与运维的双重角度上看，DevOps弱化了研发和运维之间的界限，Serverless则更进一步增强了研发的权重，在此基础之上甚至可以实现NoOps。

> NoOps 是 No Operations 的简称，即无运维。NoOps 理念是将运维的权重进一步弱化甚至消除，将开发以及服务器管理工作全部交由研发人员承担。或者换句话说，每个人都是全能选手，能力边界和职能边界得到拓宽。运维人员的很大一部分工作集中在服务基础设施的管理上，这些内容也是 Serverless 的核心关注点。所以，将基础设施抽离出来的 Serverless 为 NoOps 提供了肥沃的土壤。但是 Serverless 并不意味着 NoOps，切勿将两者等同。目前业内对 Serverless 和 NoOps 的实践尚未达到理想状态，距离完全普及仍然有很长的路要走。

Serverless 从默默无闻到走向大众视野，伴随着以 AWS Lambda 为代表的各种 FaaS（Functions as a Service，函数即服务）平台的崛起，造成很大一部分从业者将 Serverless 等同于 FaaS。截至目前，经历过时间洗礼之后，业界对 Serverless 逐渐形成了相对理性和

1　参见链接 111。

普遍认知，即如图 8-12 所示。

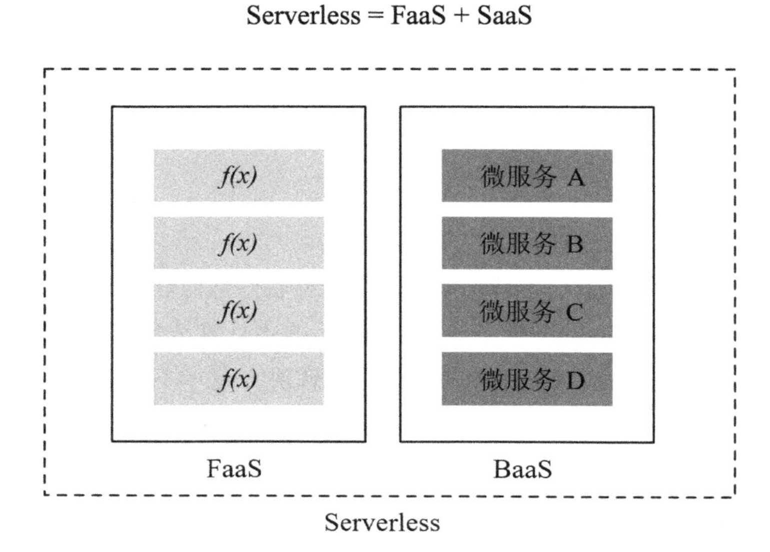


图8-12　Serverless的构成

### FaaS

FaaS 最早出现于 2014 年，是云计算服务的一种，目前较成熟的 FaaS 平台有 AWS Lambda、Google Cloud Functions、Microsoft Azure Functions 以及国内的阿里云、腾讯云等云服务商。简单来说，FaaS 是运行一个个函数的计算平台，这些函数相对独立、松耦合甚至无耦合。FaaS 最典型的思想是前端开发者熟悉的事件驱动模式，平台中的每个函数均可以预定义对应事件，事件触发后调用函数运行。FaaS 平台的核心特征是可以根据实际产生的请求量自动地动态加载应用和分配资源，这是 Serverless 最大的优势之一。

### BaaS

FaaS 平台上运行的函数直接响应应用层的请求，定位类似于传统 Web 架构中的服务层，在服务层背后仍然需要其他服务的支撑，比如数据库、日志服务、消息队列等，将这些服务 Serverless 化统称为 BaaS（Backend as a Service，后端即服务）。BaaS 服务通常是一系列松耦合的微服务。

前文提到在传统架构模型中，相关人员需要预估请求量进而对服务器集群进行扩容或缩容，但是预估往往是不准确的，这便会造成服务器资源要么超量，要么不足，所以在常规服务器管理之外，弹性扩容或缩容也是运维人员的重点工作内容。与之相比，Serverless模式下的服务器扩容或缩容均实现了自动化和动态化，增强了伸缩性并且显著减少了运维人员的工作量。

任何一种技术或架构模式能够流行的原因都不是单方面的，比如胎死腹中的HTTP管道技术，虽然其在一定程度上提升了通信效率但仍未解决队首阻塞问题；再比如从ES4 草案便被提议的类、模块、静态类型等诸多新特性最终也是不了了之[1]，固然很大程度上归咎于规范工作组内部的分歧，但争议的根本在于这些特性太过超前，脱离了当时的技术环境。Serverless能够如此火爆，除了自身的创新以外，更重要的原因是契合当前时代的技术背景和市场需求。首先，云计算、容器、微服务等一系列技术为Serverless提供了高度的可行性；其次，Serverless理念与当前互联网市场对产品快速迭代、架构高度伸缩的业务需求非常契合。Serverless虽然聚焦的是基础设施，受直接影响力度最大的是运维人员，但服务端和前端的分工和开发模式同样有改革性的突破。在BFF架构模式下，前端开发者对于BFF层的开发仍然是传统的Web服务模式，仍然需要关注服务器基础设施的管理。虽然这些是后端开发者应具备的基本素质，但对前端开发者而言却需要昂贵的学习成本。但是在Serverless中只需使用合适的编程语言（比如Node.js）开发一个个独立的函数并将其部署到FaaS平台即可，不需要关心需要多少台服务器、CPU、网卡等“杂事”，进而形成图 8-13 所示的前后端分工模型。

1　由于工作组内部分歧，ECMAScript 规范的第 4 个版本的绝大多数特性都未被推出，2008 年 8 月只包含极少数新特性的 ECMAScript Harmony 标准面世，虽然是 ECMAScript 的第 4 个版本，但并没有正规的版本号，ES4 最终成为一个遗憾。

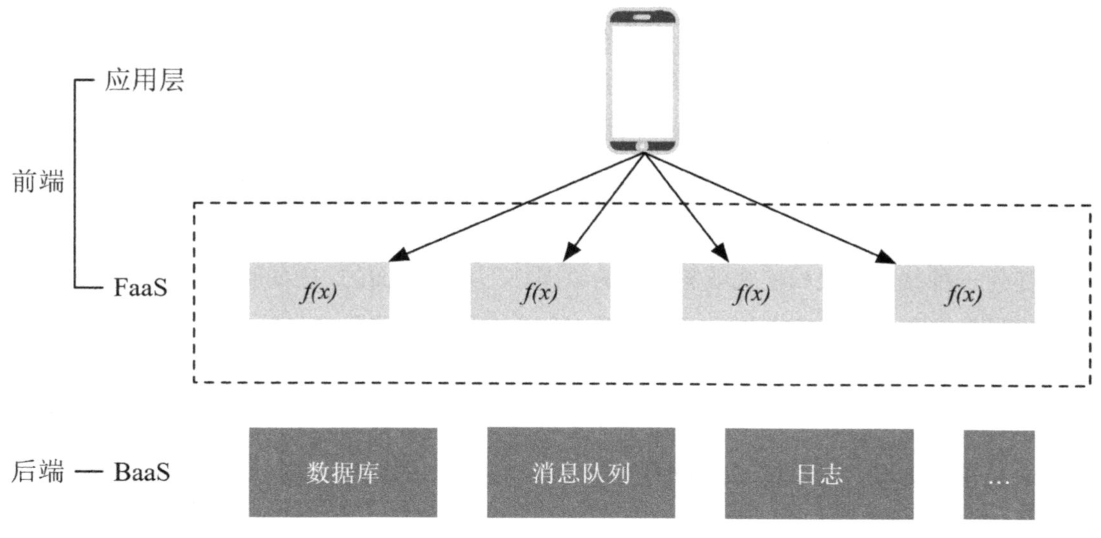


图8-13 Serverless前后端分工模型

## 8.4 总结

本地化的前端工程服务体系完成了初级阶段的人力解放，但针对的目标仍然是前端开发本身，进一步是在流程上完善与后端的集成。然而一旦涉及集成，需要解决的问题便会成倍增长，所以快速反馈、快速解决成为提升整体迭代效率的切入点。敏捷开发与 DevOps 相辅相成，基本宗旨均是将任务拆解细分，持续集成和交付，在此流程中能够相对更快速地将问题暴露和修复。工程化的目标不仅是交付，部署流水线之外的部分也是完善开发和维护闭环不可或缺的，比如代码审查、敏捷看板等。

如果说 DevOps 是基于目前技术团队分工模式的一个最终解决方案，那么 Serverless 很有可能影响甚至彻底改变现有的分工模式。FaaS 相对于 BFF 更便于前端开发者兼顾交互逻辑和小部分业务逻辑，微服务、容器等技术为搭建完善的 BaaS 层提供技术基础。在 FaaS 和 BaaS 之下，未来后端开发者聚焦于数据和业务，前端开发者兼顾交互、渲染和上层业务，在此分工模式之下，DevOps 的具体形态也必然会同步演进。当然，Serverless 仍然是一个较新的理念，目前仍然有一些亟待解决的问题，未来还有很多可行性以待探索实践。